GENERACIÓN DE RESIDUOS PELIGROSOS EN BARRANQUILLA AÑOS 2009-2014

Margarita Castillo Ramírez

Walter Martínez Burgos

Alexander Parody Muñoz

GENERACIÓN DE RESIDUOS PELIGROSOS EN BARRANQUILLA AÑOS 2009-2014

Generación de residuos peligrosos en Barranquilla (Años 2009-2014)

Margarita Castillo Ramírez. Walter Martínez Burgos. Alexander Parody Muñoz
© 2018, Copyright Primera Edición

ISBN (Print):   978-1-387-58272-3
ISBN (Ebook): 978-1-387-58273-0

Contacto:
mcastilloramirez8@gmail.com
alexander_parod@hotmail.com

Portada: Adaptación por **Yoveris Solano Arrieta** de Flat Trend icon Contenido: #92960581 | Autor: Imagevector, Industrial barrels prepared for disposal Contenido: #111598627 | Autor: bibiphoto. Trucks unloading garbage at recycle plant. Contenido: #65371901 | Autor: dmitrimaruta. Fotolia.com

AGRADECIMIENTOS

Agredecemos primeramente a Dios por permitirnos desarrollar este importante estudio, a la Maestria en Ingenieria Ambiental de la Universidad del Norte por su apoyo en el análisis de los resultados y a la Universidad Libre Seccional Barranquilla y al grupo de investigación GIIDE por su apoyo en los análisis estadísticos que son de gran importancia para el libro.

CONTENIDO

Introducción

Los residuos o desechos peligrosos –RESPEL-, son definidos por el decreto 1076 de 2015, como aquellos que por sus características corrosivas, reactivas, explosivas, tóxicas, inflamables, infecciosas o radiactivas pueden causar riesgo o daño a la salud humana y el ambiente, así como los envases, empaques y embalajes que hayan estado en contacto directo con ellos, y es por estas mismas características que se han clasificado por actividad o proceso (MADS, 2005).

El modelo de desarrollo tecnológico y los esquemas de producción y consumo a nivel mundial, representan un factor fundamental en la creciente y variada producción de RESPEL (~400 millones de toneladas/año) (MAVDT, 2007; Garrido, 1998), haciendo que la gestión y manejo de estos, constituya hoy día una gran preocupación, por los riesgos que representan a la salud y al medio ambiente (Benavides, 1993).

Uno de los principales impactos generados por el manejo inadecuado de los RESPEL, es la afectación sobre los recursos naturales, promoviendo contaminación en diferentes matrices (suelo, agua y aire) y/o afectación a la flora y fauna, de igual manera, se generan problemas en la salud pública por la emisión de olores ofensivos y compuestos de carácter tóxico que pueden afectar a las personas (Secretaría General de Ambiente, 2012; Suárez, 2000).

Según las Naciones Unidas, en el informe sobre indicadores ambientales (2011), a nivel industrial para el año 2009, los países con mayor generación de RESPEL fueron: Rusia (~141.019 ton/año), China (~14.300 ton/año), Kirguistán (~5.683 ton/año) y Malasia (~1.705. ton/año). Para Estados Unidos en el año 2011, la agencia de protección ambiental (EPA), en el Plan de manejo nacional de residuos peligrosos, reporto ~287.376 ton de RESPEL.

En el año 2015 en Colombia, según cifras reportadas por el IDEAM, en el informe nacional de generación y manejo de residuos o desechos peligrosos que incluye todos los sectores, la generación de RESPEL fue ~241.620 toneladas en el año 2013, con un aporte del 67.2% de residuos en estado sólido o semisólido, 32.7% residuos líquidos y los gaseosos con el 0.1% de representatividad a nivel nacional.

Los departamentos con mayor generación son: Antioquía (~50.433 ton/año), Cundinamarca (~35.044 ton/año, excluyendo Bogotá), Meta (~19.891 ton/año), y Atlántico (~10.822 ton/año, excluyendo Barranquilla).

Teniendo en cuenta las cantidades de RESPEL generados a nivel mundial y los problemas tanto ambientales como de salud pública que estos presentan (Mora, Baeza, Robles y Sanz, 2016; Benavides, 1993; Suárez, 2000), se han diseñado diferentes políticas en marco de la gestión ambiental de estos residuos, en el caso de Colombia en el año 2005, se aprobó la política ambiental para la gestión de residuos o desechos peligrosos, y sus principios se basan en responsabilidad del generador, prevención, precaución, participación pública, gradualidad y consumo sostenible.

Es por esto que en el año 2007, se aprobó el procedimiento para el registro de generadores de residuos o desechos peligrosos, mediante la resolución 1362 del MAVDT, la cual establece que las empresas deben reportar las cantidades generadas anualmente así como el almacenamiento y tipo de disposición que estos realizan.

Una de las principales preocupaciones que se presenta en Colombia en planeación ambiental, es lo referente al manejo de los residuos peligrosos (Cruz et al., 2004), algunas ciudades realizan el análisis de RESPEL, tal es el caso de Bogotá, donde en el año 2010, la secretaría de medio ambiente realizó un diagnóstico tomando como base para el análisis, el registro de generadores del año 2008 y separando por sector de generación en: industrial, comercial, servicios y consumo masivo, estimando una cantidad que oscilaba entre 115.687-149.570 toneladas, siendo el sector más representativo el industrial, seguido del de servicios (incluye hospitalario) y por último comercio y consumo masivo, dejando por sentado la falta de información en materia de manejo de RPD.

En la ciudad de Barranquilla, a pesar de existir una unidad de planeación ambiental distrital encargada de evaluar la gestión de residuos peligrosos, no se ha realizado un análisis donde se relacione los RESPEL generados por actividad industrial, ni su comportamiento, el cual sirve como punto de partida en la evaluación de la gestión ambiental sobre estos en el distrito y la situación se torna aún más compleja, dado que no se tiene información base, acerca del manejo de los Residuos peligrosos generados a nivel domiciliario y que según Inglezakis (2015), representan cerca de 2/3 de los residuos sólidos urbanos, los cuales, se encuentran dentro de los ejes principales de la política nacional ambiental relacionada a la gestión de los residuos peligrosos.

Debido a la utilidad que puede representar las sabanas de información que manejan la autoridad ambiental de Barranquilla-DAMAB-, donde las empresas registran la generación de sus RESPEL, y el enlazar esta información con el manejo que se le puede dar a nivel domiciliario, esta investigación, puede brindar una información base, sobre el estado en el que se encuentra la ciudad en generación de residuos peligrosos en el período comprendido entre el año 2009 y 2014.

Ya que el reporte para el año 2015 se genera en Abril del 2016, a su vez, establece si el estrato influye en la generación e identificación de los RPD y el tipo de disposición que se da a estos residuos en los hogares, brindando información a los encargados de vigilar y diseñar las políticas ambientales en la ciudad, para desarrollar estrategias encaminadas a una gestión de estos residuos.

Generación de residuos peligrosos en Barranquilla Años 2019-2014

Capítulo I: Residuos peligrosos

1. Residuo sólido

El decreto 2981 de 2013, mediante el cual se reglamenta la prestación del servicio público de aseo define como residuo sólido cualquier objeto, material, sustancia o elemento principalmente sólido resultante del consumo o uso de un bien en actividades domésticas, industriales, comerciales, institucionales o de servicios, que el generador presenta para su recolección por parte de la persona prestadora del servicio público de aseo. Igualmente, se considera como residuo sólido, aquel proveniente del barrido y limpieza de áreas y vías públicas, corte de césped y poda de árboles.

2. Residuo o desecho peligroso

Es aquel que por sus características corrosivas, reactivas, explosivas, tóxicas, inflamables, infecciosas o radiactivas puede causar riesgo o daño para la salud humana y el ambiente. De igual forma, son considerados residuos o desechos peligrosos los envases, empaques y embalajes que hayan estado en contacto con ellos (Sebastião and Casimiro 2000; Couto, et al., 2013).

La peligrosidad de un residuo o un desecho en Colombia está establecida por el "Decreto 1076 de 2015" emanado por el Ministerio de Ambiente y Desarrollo Sostenible. El cual los clasifica en siete grupos.

3. Características de Peligrosidad de los Residuos

Los siguientes conceptos, son tomados del decreto 1076 de 2015:

Corrosivo: Característica que hace que un residuo o desecho por acción química, pueda causar daños graves en los tejidos vivos que estén en contacto o en caso de fuga puede deteriorar otros materiales, y puede ser acuoso y presentar un pH menor o igual a 2 o mayor o igual a 12.5 unidades y/o Ser líquido y corroer el acero a una tasa mayor de 6.35 mm

19

por año a una temperatura de ensayo de 55 °C.

Reactivo: Característica que presenta el residuo o desecho cuando al mezclarse o ponerse en contacto con otros elementos, compuestos, sustancias o residuos tiene cualquiera de las siguientes propiedades: Generar gases, vapores y humos tóxicos en cantidades suficientes para provocar daños a la salud humana o al ambiente cuando se mezcla con agua; poseer, entre sus componentes, sustancias tales como cianuros, sulfuros, peróxidos orgánicos que, por reacción, liberen gases, vapores o humos tóxicos en cantidades suficientes para poner en riesgo la salud humana o el ambiente; ser capaz de producir una reacción explosiva o detonante bajo la acción de un fuerte estímulo inicial o de calor en ambientes confinados; aquel que produce una reacción endotérmica o exotérmica al ponerse en contacto con el aire, el agua o cualquier otro elemento o sustancia, provocar o favorecer la combustión.

Explosivo: Se considera que un residuo (o mezcla de residuos) es explosivo cuando en estado sólido o líquido de manera espontánea, por reacción química, puede desprender gases a una temperatura, presión y velocidad tales que puedan ocasionar daño a la salud humana y/o al ambiente, y además presenta cualquiera de las siguientes propiedades: formar mezclas potencialmente explosivas con el agua; ser capaz de producir fácilmente una reacción o descomposición detonante o explosiva a temperatura de 25 °C y presión de 1.0 atmósfera; ser una sustancia fabricada con el fin de producir una explosión o efecto pirotécnico.

Inflamable: Característica que presenta un residuo o desecho cuando en presencia de una fuente de ignición, puede arder bajo ciertas condiciones de presión y temperatura, o presentar cualquiera de las siguientes propiedades; ser un gas que a una temperatura de 20°C y 1.0 atmósfera de presión arde en una mezcla igual o menor al 13% del volumen del aire; ser un líquido cuyo punto de inflamación es inferior a 60°C de temperatura, con excepción de las soluciones acuosas con menos de 24% de alcohol en volumen; ser un sólido con la capacidad bajo condiciones de temperatura de 25°C y presión de 1.0 atmósfera, de producir fuego por fricción, absorción de humedad o alteraciones químicas espontáneas y quema vigorosa y persistentemente dificultando la extinción del fuego; ser un oxidante que puede liberar oxígeno y, como resultado, estimular la combustión y aumentar la intensidad del fuego en otro material.

Infeccioso: Un residuo o desecho con características infecciosas se considera peligroso cuando contiene agentes patógenos; los agentes patógenos son microorganismos (tales como bacterias, parásitos, virus, ricketsias y hongos) y otros agentes tales como priones, con suficiente virulencia y concentración como para causar enfermedades en los seres humanos o en los animales.

Radiactivo: Se entiende por residuo radioactivo, cualquier material que contenga compuestos, elementos o isótopos, con una actividad radiactiva por unidad de masa superior a 70 kBq/kg (Setenta kilobequerelios por kilogramo) o 2 nCi/g (dos nanocurios por gramo), capaces de emitir, de forma directa o indirecta, radiaciones ionizantes de naturaleza corpuscular o electromagnética que en su interacción con la materia produce ionización en niveles superiores a las radiaciones naturales de fondo.

Tóxico: Se considera residuo o desecho tóxico aquel que en virtud de su capacidad de provocar efectos biológicos indeseables o adversos puede causar daño a la salud humana y/o al ambiente. Para este efecto se consideran tóxicos los residuos o desechos que se clasifican de acuerdo con los criterios de toxicidad (efectos agudos, retardados o crónicos y ecotóxicos).

En la tabla 1, se presenta algunos ejemplos de la clasificación de los RESPEL según lo establecido por el decreto 4741 de 2005, así como el impacto ambiental y a la salud que pueden generarse por manejo inadecuado de estos.

4. Residuos o desechos peligrosos domiciliaros

Los residuos sólidos domiciliarios, corresponden a la corriente de residuos generados al interior de las casas, cuya composición se encuentra relacionada con los hábitos de consumo diario, por lo que el conocimiento de la composición de estos residuos provee una información de gran valor para el manejo integral de residuos sólidos a nivel municipal.

Tabla 1. Clasificación de los RESPEL, según Decreto 4741 de 2005

	Residuos	Características	Descripción del Impacto (Ambiente y salud)
Residuos Químicos	Aceites usados	Aceites con bases minerales o sintéticas usados y con características inadecuadas para el uso asignado inicialmente, tales como: lubricantes de motores y de transformadores, aceites de equipos, residuos de trampas de grasas etc.	Contaminación de suelo y agua. Intoxicación Afectación en fauna y flora
	Cito-tóxicos	Fármacos provenientes de tratamientos oncológicos y elementos utilizados la aplicación como por ejemplo: batas, bolsas de papel absorbente, jeringas, guantes, frascos etc.	Contaminación en suelo por derrame Intoxicación por inhalación y contacto Efecto en la salud por provocar mutaciones, cáncer, además, puede ser teratogénicos en mujeres embarazadas.
	Contenedores Presurizados	Empaques presurizados de gases anestésicos, medicamentos, óxidos de etileno y otros que tengan esta presentación.	Contaminación atmosférica Contaminación a suelo por derrame de medicamentos. Lesiones.
Residuos Químicos	Fármacos parcialmente consumidos, vencidos y/o deteriorados	Medicamentos deteriorados y/o vencidos, excedentes de compuestos y/o sustancias que se han empleado s en cualquier tipo de procedimiento, dentro de los cuales se	Contaminación de suelo y agua. Intoxicación, Muerte

		incluyen los residuos producidos en laboratorios farmacéuticos y dispositivos médicos que no cumplen estándares de calidad.	
	Radiactivos	Restos de equipos empleados en la medicina	Contaminación de suelo, intoxicación
	Residuos	Características	Descripción del Impacto (Ambiente y salud)
	Metales Pesados	Elemento/ compuesto /Sustancias / contaminadas o que contengan trazas de: Plomo, Cromo, Cadmio, Antimonio, Bario, Níquel, Estaño, Vanadio, Zinc, Mercurio.	Contaminación de suelo y agua, aire. Efecto en la salud por provocar daños a nivel celular; Intoxicación Afectación en fauna y flora
	Tóxicos	Restos de Pesticidas, envases que han estado e n contacto con estos etc.	Contaminación de suelo y agua, aire. Intoxicación Afectación en fauna y flora
Residuos de característica Infecciosa	Animales	Animales de experimentación, inoculados con microorganismos patógenos y/o los provenientes de animales portadores de enfermedades infectocontagiosas.	Afectación en fauna Impacto en recursos naturales Contaminación en suelo, agua Generación de olores
	Anatomo Patológicos	Provenientes de restos humanos, muestras para análisis, biopsias, tejidos orgánicos y amputados	Infección Generación de olores

		etc.	
	Biosanitarios	Instrumentos empleados en los procedimientos asistenciales que tienen contacto con materia orgánica, fluidos corporales, sangre de paciente.	Infección Generación de olores Contaminación de suelo, agua
	Corto punzantes	Dada sus características pueden dar o rigen a un accidente percutáneo infeccioso. Dentro de estos se encuentran: cuchillas limas, lancetas, agujas, restos de ampolletas, pipetas, láminas de bisturí o vidrio, etc	Infección, lesiones, muerte Contaminación en suelo

*En esta tabla, se relacionan los RESPEL, según su clasificación en el decreto 4741 de 2005, con los posibles impactos ambientales y en la salud que pueden derivarse por el manejo inadecuado de los mismos. Fuente: Decreto 4741 de 2005

Capítulo II: Gestión Integral de los Residuos Peligrosos

Los residuos peligrosos son de especial importancia por los efectos adversos que estos pueden tener sobre la salud de las personas y el medio ambiente (agua-suelo y aire), como consecuencia de un manejo y disposición final inadecuada (Gómez, 2011).

Dependiendo de las características de los RESPEL, así será su clasificación y las diferentes alternativas que se deben implementar para realizar su gestión de manera integral, entre las cuales se pueden encontrar: la prevención y/o reducción; aprovechamiento o reciclaje; recolección y transporte y Tratamiento y la disposición final (Zhao, 2016; Gaviria y Monsalve, 2012; Uca Silva, 2009.).

5. Antecedentes

Los análisis de comportamiento de RESPEL, se han estudiado de acuerdo a su fuente de generación, separándolos en Industriales-Hospitalarios y Domésticos, investigaciones relacionadas se muestran en la Tabla 2:

Tabla 2. Antecedentes de investigaciones relacionadas con el manejo de los RESPEL y RPD

Autor	Resultado	País
Buenrostro, Márquez y Ojeda (2007)	Realizaron un análisis comparativo RPD en dos regiones mexicanas, concluyendo que las categorías con mayor porcentaje de generación de RESPEL son: Productos de mantenimiento del hogar (29.2%), productos de limpieza (19.5%), electrodomésticos y baterías (15.7%), los cuales según los autores puede variar de acuerdo al estrato socioeconómico.	México
Lilja y Liukkonen (2008)	Empleando la base de datos de generadores de la A.A y validándolo con los permisos ambientales otorgados a las empresas, determinaron que la cantidad de RESPEL aumentó con respecto al tiempo, siendo los residuos	Finlandia

25

Autor	Resultado	País
	más generados los envases contaminados con metales pesados, revestimiento de pinturas, aceites usados y emulsiones	
Duan, et al. (2008)	Establecieron que el mecanismo de seguimiento de los residuos provenientes de los sectores industrial, hospitalario y domiciliario es ineficiente, ya que los datos medidos en campo, durante el desarrollo de la investigación fueron de 25 millones de toneladas mientras que los registrados fueron de 11.62 millones de toneladas y dispuestos solo fueron 460.000 toneladas, de los cuales el 65% fueron a rellenos y el 35% incinerados, en cuanto a los RPD, resaltan la necesidad de implementar una gestión adecuada desde su generación hasta su disposición.	China
Buenrostro, Márquez y Pinette (2008)	Establecieron una generación de 3.947 kg de Residuos sólidos domésticos -RSD-, de los cuales 63.4 kg correspondían a RPD en un total de 303 casas analizadas, en este estudio se compararon tres estratos sociales (Alto, medio y bajo), los cuales no mostraron una diferencia significativa en la generación por estrato. La proporción de RPD hallada fue la siguiente: Productos de limpieza (35%), productos de cuidado personal (26%), productos farmacéuticos (15%), otros (24%).	México
Autor	Resultado	País
Elimelech, Ayalon y Flicstein (2011)	Determinaron que el sector industrial y hospitalario, tienen deficiencias, tales como: la falta de seguimiento por parte de los generadores, la ineficiencia en la separación de las estaciones de transferencia y la falta de control del Ministerio de protección ambiental sobre las pequeñas y medianas empresas de ese país.	Israel
Vergara (2012)	Estableció la necesidad de implementar junto con el sistema de registro de generadores, un registro interno que ayude a llevar el comportamiento histórico de los residuos generados en los centros hospitalarios, además propuso que esté debería ser revisado por la Autoridad Ambiental (A.A) y sanitaria como mecanismo de control.	Bogotá
Aprilia, Tezuka y Spaargaren	Concluyeron que en Indonesia, no se está realizando una gestión adecuada sobre los residuos inorgánicos y los RPD, ya que no existe una separación y son	Indonesia

(2013)	dispuestos en el relleno sanitario. Además recomiendan realizar convenios y más gestión sobre estos RPD, ya que el gobierno se ha enfocado en los residuos generados en las empresas, más no en los domiciliarios que pueden aportar un 4% de los residuos por casa.	
Gu, et al. (2014)	Encontraron que los RPD más representativos son: los productos de limpieza (21.33%), medicinas (17.6%), productos de limpieza personal (15.19%), diversión y productos de educación (10.17%), mantenimiento del hogar (10.97%) y baterías (11.14%) los cuales fueron relacionados con las necesidades diarias de cada casa en la ciudad de Suzhou.	China
Rajarao, et al. (2014)	Reportaron una nueva tecnología para aprovechamiento de RAEE, basado en pirolisis, que permite recuperar plomo y otros metales de estos residuos, se resalta la importancia de esta investigación, debido al crecimiento en la generación de este tipo de residuos	Australia
Fikri, Purwanto y Sunoko (2015)	Establecieron un modelo productivo y eficiente basado en el reciclaje para el manejo de los RPD, en la ciudad Semarang (Indonesia)	Indonesia

6. Recolección y Transporte

Los métodos de recolección, pueden variar entre países e incluso regiones, la recolección de los residuos domésticos están controlados y regulados por las autoridades gubernamentales y/o por la industria privada (Kan, 2009). En Colombia, la recolección de los RESPEL debe ser selectiva y el transporte se debe llevar a cabo por empresas especializadas en el cargue y envió de estos, para ello deben contar con todas las herramientas logísticas que cumplan con las especificaciones de transporte de materiales peligrosos establecidas en el decreto 1609 de 2002. Se deben utilizar los siguientes métodos:

- Recolección a domicilio

- Puntos de Recepción

- Devolución a productores y/o distribuidores

- Aprovechamiento de los RESPEL

Grandes cantidades de residuos (RESPEL y ordinarios), no

pueden ser eliminados o se les puede aprovechar o dar alguna aplicación, con el fin de reducir el impacto ambiental generado, mediante un uso más sostenible de estos (Kan, 2009), esto se conoce como la política de las tres R, que según Moreno (2011), Careaga (1993), Castells (2012), clasifican las estrategias de gestión de residuos de acuerdo a su conveniencia en términos de minimización, estas son:

- Reutilizar: Aprovechar el bien que ya ha sido usado pero que se puede seguir empleando en otra actividad u otro proceso.

- Reusar: volver a usar un bien sin alterar químicamente su composición. De esta manera se le da un nuevo uso al producto con el consecuente alargamiento de su vida útil.

- Reciclar: Utilizar el residuo como materia prima para transformarlo en otro tipo de producto. Para realizar este tipo de aprovechamiento del RESPEL, este debe ser separado exclusivamente en la fuente generadora.

Según Demirbas (2011), existen métodos diferentes para reciclar el material de desecho, en los cuales las materias primas pueden ser extraídas y transformadas de nuevo, o el contenido de calor de los residuos se puede convertir en electricidad, lo que hace que se desarrollen nuevos métodos de reciclaje, tales como: reprocesamiento físico, reprocesamiento biológico y recuperación de energía de forma continua.

Tratamiento y/o Disposición final

La disposición final de los RESPEL, dependerá específicamente de las características y origen de cada residuo, para ello, se debe definir el destino que se le dará (reciclarlo, reutilizarlo, reusarlo, reducirlo o recuperarlo). Cuando al residuo no se le puede aplicar ninguno de los procesos mencionados se le hace una transformación que puede ser: química, física, térmica o finalmente confinarlo en una celda seguridad, con el fin de reducir el volumen y/o su peligrosidad.

Cabe resaltar que cada tratamiento da origen a otros tipos de residuos, independientemente del proceso aplicado (Solidos y /o líquidos) y /o en algunas ocasiones se producen emisiones que también pueden ser consideradas como RESPEL.

Algunos de los tratamientos más empleados para manejo de los

RESPEL se presentan a continuación.

Tratamiento Térmico

Es uno de los tratamientos más empleados en el manejo de RESPEL, es desarrollado tanto a escala pequeña por personas naturales, como a gran escala por la industria y se utiliza para disponer residuos en estado sólido, líquido y gaseoso (Ecke y Svensson, 2008). Este método, consiste en desintegrar térmicamente el residuo, empleando temperaturas comprendidas entre los 850 -1100°C, reduciendo su volumen entre un 80 a 95 %.

Sin embargo los procesos de incineración, sin importar la metodología utilizada, traen consigo la emisión de sustancias químicas al ambiente, incluyendo metales pesados, residuos sin quemar y productos de combustión incompleta, algunas de ellas altamente persistentes, bioacumulativas y toxicas como las dioxinas, furanos, PCBs-Bifenilos policlorados etc; además de cenizas que constituyen otro residuo sólido (Yang, Nam y Choi, 2007; USEPA 1990; Thornton y de Greenpeace, 1993).

Tratamiento Químico

Es un tratamiento aplicado en menor escala, que busca principalmente eliminar o reducir la peligrosidad del residuo mediante reacciones químicas, por ejemplo la neutralización de soluciones acidas y básicas (Loayza, 2007; Domènech, et al., 2001). Muchos residuos sólidos industriales (así como las cenizas) son muy heterogéneos y variables en su composición, por lo que, es importante realizar una estandarización con un protocolo de digestión, para así determinar las formas químicas de los metales en los residuos sólidos. Este tipo de tratamiento, puede ser utilizado para hacer una disposición de las cenizas generadas en el tratamiento térmico y utilizarlos como aditivos de cemento, adsorbentes y producción de zeolita. (Ramanathan y Ting, 2015).

Tratamiento Físico

Los tratamientos físicos por si solos son poco aplicados para el tratamiento de RESPEL, generalmente son complementados con otros procesos. Consiste básicamente en reducir de tamaño el residuo (rasgado-triturado) con la consecuente encapsulación de este.

El uso de procesos de solidificación de productos, debe tener principalmente beneficios ecológicos para la protección ambiental, la mayoría de las posibles aplicaciones de la solidificación han resultado del desarrollo de manuales técnicos que han sido desarrollados para productos como cenizas (Hodul, Dohnálková, y Drochytka, 2015), sin embargo, se ha demostrado que los principales usos de la solidificación, lo constituyen: material de relleno, capas de base, material de relleno para recuperación paisajística (Vacenovska et al., 2013).

Tratamiento Biológico

Los RESPEL también pueden ser tratados empleando sistemas biológicos. Generalmente estos procesos están basados en las capacidades que presentan determinados microorganismos, bien sea de secuestrar el medio, hidrolizarlo o degradarlo enzimáticamente, inclusive cuando las concentraciones son elevadas (Amat, 2004).

Las principales industrias que emplean este tipo de tratamientos son las de producción y refinado de petróleo, productos químicos orgánicos, pinturas, plásticos, madera y celulosas, azucareras etc. El tratamiento biológico para la depuración de residuos acuosos en la industria es altamente emplead habiéndose llegado a obtener microorganismos que degradan selectivamente determinados tóxicos químicos. Los procesos biológicos más utilizados en el tratamiento de RESPEL son los siguientes (Muñoz, 2001).

- Fangos activos

- Lechos bacterianos

- Contactores biológicos de rotación o Biodiscos.

- Lagunas de estabilización

- Compostaje

- Digestión anaerobia

- Depuración por microorganismos genéticamente modificados

- Tratamientos enzimáticos

En Colombia el uso de los tratamientos biológicos para el aprovechamiento de RESPEL viene en aumento por ejemplo en el año 2011 se trataron 13.862 toneladas, mientras que para el 2012 fueron tratadas 48.736 kg (IDEAM, 2011; IDEAM, 2012), sin embargo, en Barranquilla este tratamiento no se utiliza, ya que no existen empresas dedicadas a esto.

Coprocesamiento:

Finalmente la disposición de los residuos tiene como fin el confinamiento de los mismos, minimizando de esta forma la liberación de dichos contaminantes al medio ambiente. La práctica más común es en rellenos o celdas de seguridad "Obras civiles especialmente diseñadas" (Gaviria y Monsalve, 2012; Pichtel, 2005).

7. Disposición en Celdas de Seguridad o Rellenos de Seguridad

La Disposición de RESPEL, puede tener diferentes efectos sobre el medio ambiente y la salud humana con efectos a corto o largo plazo, estos, se encuentran relacionados con las sustancias químicas, que aún en dosis pequeñas pueden causar daños a órganos específicos generando diversas enfermedades, tales como: carcinogénesis, defectos genéticos, teratogénesis, desorden del sistema nerviosos central, anomalías congénitas, entre otras. Estas se encuentran relacionadas con diferentes factores: edad, género, dosis, peso, estado psicológico, predisposición genética y condiciones climáticas (Misra y Pandey, 2005).

Una de las alternativas de disposición final, son las celdas de seguridad (Pichtel, 2005), que son depósitos diseñados especialmente para el confinamiento de sustancias potencialmente peligrosas.

Generalmente estos sistemas están conformados por los siguientes elementos

- Sistemas de impermeabilización de doble barrera.

- Sistemas de captación y conducción de Lixiviados

- Unidad de tratamiento de lixiviados

- Sistema detección de perdidas

- Sistemas de captación y conducción de gases

- Sistemas para el control del ingreso de aguas lluvias por escorrentías

- Elementos de Impermeabilización en la clausura de la celda.

En Colombia, según el Informe Nacional de Gestión de RESPEL (2013) desarrollado por el IDEAM, solo se encuentran autorizadas para realizar confinamiento de RESPEL, empresas que presten el servicio de celda de seguridad y rellenos de seguridad, sin embargo la menor cantidad de RESPEL dispuestos fue en relleno de seguridad y la mayor cantidad fue en otras opciones (Tratamiento térmico, regeneración de aceites usados).

Habiendo establecido cuales son las principales características de los RESPEL y los conceptos a tener en cuenta dentro de un análisis de comportamiento de estos, es necesario reconocer las políticas nacionales e internacionales, en las cuales se encuentra fundamentada su gestión.

8. Marco Normativo

El estado Colombiano, debido a la alta generación de RESPEL y los impactos ambientales sobre las matrices agua, aire y suelo, ha identificado a través de los años, la necesidad de suscribir importantes acuerdos y tratados referentes al transporte y gestión de estos, tanto a nivel internacional como nacional, que propendan por un ambiente sano, estos acuerdos y normas se muestran a continuación:

Normatividad Internacional

Convenio de Basilea: Este tratado es adoptado en el país en el 22 de Marzo de 1989, entro en vigor en 1992 y se ratificó por la ley 253 de 1995, regula los movimientos transfronterizos de los residuos o desechos peligros, así como su eliminación, además el acuerdo también establece que los países generadores de RESPEL deben ser los responsables del manejo de estos, como una forma de proteger a los países que no cuentan con la capacidad técnica para el manejo de este tipo de residuos.

Convenio de Viena para la Protección de la Capa de Ozono: el objetivo de este acuerdo internacional, es la eliminación del uso de las Sustancias Agotadoras de la Capa de Ozono (SAO). Presentó el marco de trabajo para las actividades relacionadas con la protección de la capa de ozono y fue firmado inicialmente por 21 países que acordaron investigar, compartir información y ejecutar medidas preventivas sobre la producción y las emisiones de SAO (IDEAM, 2013).

Convenio de Estocolmo: Es un acuerdo internacional que regula el tratamiento de los Compuestos Orgánicos Persistentes-COPs y otras sustancias de carácter toxico. Fue firmado en 22 de mayo de 2001 y entró en vigor el 17 de mayo de 2004. En Colombia fue aprobado mediante la ley 994 de 2005. El convenio se firmó con el objetivo de proteger la salud de las personas y la del medio ambiente frente a los COPs.

Algunos de estos son pesticidas como por ejemplo: Clordano, *decoro Difenil Tricloroetano*-DDT, Mirex, Toxafeno, Heptacloro etc. Los compuestos bifenilos policlorados y algunos subproductos involuntarios de los procesos como las dioxinas, los furanos. Estos compuestos resisten en grado variable la degradación fotoquímica, química y biológica, lo que conlleva a que su vida en el ambiente sea elevada (Albert, L. 1997; Ramírez et al., 2003; Vicente et al.,. 2004). Por otra parte estos compuestos son bioacumulables y biomagnificables en la cadena trófica (Barral et al., 2001; Gómez et al., 2006).

Convenio de Rotterdam: se basa en el Consentimiento Fundamentado Previo (CFP), abarca plaguicidas y productos químicos industriales prohibidos o rigurosamente restringidos por motivos sanitarios o ambientales. También se proponen las formulaciones de plaguicidas muy peligrosas que presenten riesgos por las condiciones en que se utilizan en las Partes que son países en desarrollo o países con economías en transición (MAVDT, 2003).

Normatividad Nacional

Constitución Política de 1991. Articulo 79 segundo inciso "El estado debe proteger la integridad y diversidad del ambiente, conservar las áreas de especial importancia ecológica".

Artículo 80 Inciso 1. "El estado planificará el manejo y aprovechamiento de los recursos naturales para garantizar su desarrollo sostenible". Además establece como una obligación del estado prevenir y controlar los factores de deterioro ambiental.

Artículo 81 "queda prohibida la fabricación, importación, posesión y uso de armas químicas, biológicas y nucleares, así como la introducción al territorio nacional de residuos nucleares y tóxicos "

Leyes

Ley 253 de 1996. Ratifica el convenio de Basilea "Control transfronterizos de los residuos peligrosos"

Ley 99 de 1993 por medio de la cual se crea el ministerio del medio ambiente.

Ley 1672 de 2013: "Por la cual se establecen los lineamientos para la adopción de una política pública de gestión integral de residuos de aparatos eléctricos y electrónicos (RAEE), y se dictan otras disposiciones".

Decretos

Decreto 1076 de 2015 del Ministerio de Ambiente y Desarrollo Sostenible "Establece Decreto Único Reglamentario Sector ambiente y Desarrollo Sostenible".

Decreto 351 de 2014: Por el cual se reglamenta la gestión integral de los residuos generados en la atención en salud y otras actividades.

Decreto 4741 de 2005 del Ministerio de Ambiente, Vivienda y Desarrollo Territorial "Regula parcialmente el manejo de los residuos peligrosos generados en el marco de la gestión integral"

Decreto 1443 de 2004 del Ministerio de Ambiente, vivienda y Desarrollo Territorial "Reglamenta parcialmente el manejo de plaguicidas y desechos o residuos provenientes de los mismos"

Decreto 1609 de 2002. Ministerio de Transporte "Estipula los requisitos técnicos y de seguridad para el manejo y transporte de mercancía peligrosas"

Resoluciones

Resolución 222 de 2011: Por la cual se establecen requisitos para la gestión ambiental integral de equipos y desechos que consisten, contienen o están contaminados con Bifenilos Policlorados (PCB)

Resolución 1512 de 2010: Por la cual se establecen los Sistemas de Recolección Selectiva y Gestión Ambiental de Residuos de Computadores y/o Periféricos y se adoptan otras disposiciones.

Resolución 1511 de 2010: Por la cual se establecen los Sistemas de Recolección Selectiva y Gestión Ambiental de Residuos de Bombillas y se adoptan otras disposiciones

Resolución 371 de 2009: Por la cual se establecen los elementos que deben ser considerados en los Planes de Gestión de Devolución de Productos Posconsumo de Fármacos o Medicamentos Vencidos.

Resolución 1362 de 2007 del Ministerio de Ambiente, Vivienda y Desarrollo Territorial: La cual establece los requisitos y el procedimiento para el registro de generadores de RESPEL.

Normatividad a nivel Distrital:

A nivel local, en la ciudad de Barranquilla, se han emitido términos de referencia para la elaboración de Planes de Gestión Integral de Residuos Hospitalarios y Similares –PGIRHS-, el cual es una modificación de los términos de referencia a nivel nacional que se encuentran acogidos mediante el decreto 351 de 2014, este documento, es objeto de seguimiento y control por parte de la autoridad ambiental, de salud e Invima.

También, se han emitido términos de referencia para la elaboración de los Planes de Gestión Integral de Residuos Peligrosos-PGIRP-, que aplica para el sector industrial y comercial, estos han sido acogidos por la A.A, con el fin de realizar un seguimiento sobre la gestión y generación de RESPEL, verificando si los objetivos de minimización planteados por la empresa, se encuentran siendo cumplidos, esto se realiza en el marco del cumplimiento del decreto 4741 de 2005.

Otros de los proyectos realizados por la A.A local, se enmarca sobre la actualización y verificación del registro de generadores, el objetivo este proyecto, es mantenerlo actualizado y vigilado, de tal manera que los usuarios cumplan con la obligación del generador que se encuentra en el decreto 4741 de 2005; la A.A.

También ha realizado capacitaciones en diferentes sectores de la ciudad, uno de estos es sobre manejo de residuos hacía los recicladores debidamente consolidados, donde se les explicó sobre la identificación, clasificación y manejo de RESPEL, a la luz de la normativa Colombiana y cuáles son sus responsabilidades dentro de la cadena de generación.

Como se puede notar, los proyectos desarrollados por la A.A se ven enfocados sobre la verificación del cumplimiento en el diligenciamiento del registro de generadores, sin embargo, no se han realizado proyectos o informes, donde se analice el comportamiento de estos residuos, así como tampoco se ha gestionado proyectos enmarcados en el manejo de los RPD; esta falta de análisis y de ejecución de proyectos resalta la importancia de esta investigación, que puede servir como base para la toma de decisiones en la elaboración de proyectos de norma a nivel distrital.

Generación de residuos peligrosos en Barranquilla Años 2019-2014

Capítulo III: Generación de residuos peligrosos en Barranquilla años 2009-2014

Colombia es un país en vía desarrollo con una importante actividad agrícola e industrial que consumen elevadas cantidades de insumos / materias primas de naturaleza química y de toxicidad variable (Atunduaga et al., 2015). Según el Informe Nacional de Generación y Manejo de Residuos o Desechos Peligrosos en el año 2013 se generaron en el país 241.620 toneladas de RESPEL.

Siendo los principales generadores del país Antioquia, Medellín, Cundinamarca, Bogotá, Boyacá, Tolima, Casanare, Cauca y de la costa caribe el departamento de Cesar con una generación 11.481 kg, Malambo con 7.238 kg y Barranquilla con aproximadamente 5000 kg. En la ciudad de Barranquilla se encontró que los sectores industrial y hospitalario generan alrededor del 85% de los RESPEL totales.

9. Principales emisores de residuos peligrosos

De acuerdo con el análisis realizado se observa que el sector que más ha generado RESPEL en la ciudad en el periodo comprendido entre el 2009 y el 2014 es el industrial, con 19.800.455 kg, de los 29.774.251 kg totalizados. El segundo sector en importancia por la cantidad generada de RESPEL en barranquilla es el Hospitalario con 7.096.968 kg y por último se encuentra el sector comercial con 2.876.828 kg, para el mismo periodo.

Para el año 2014 se encontró que el sector industrial sigue siendo el que más está generando RESPEL con 2.267.637 kg, seguido del sector Hospitalario 1.395.571 kg y por último el sector comercial con 675.980. Según el Diagnóstico de la situación actual de los residuos peligrosos en el distrito capital del año (2010), en Bogotá el sector industrial es el que más genera RESPEL con 87.246 toneladas. En la Figura 1, se aprecia los

37

valores porcentuales de la generación de RESPEL en la ciudad de Barranquilla, para el año 2014.

A nivel internacional el panorama es similar, por ejemplo en Chile en el año 2007 de las 164.299 generadas, las actividades industriales e hospitalarias aportaron el 54 % y 25 % respectivamente. (Universidad Concepción de Chile, 2007).

El Sector comercial de acuerdo con los datos obtenidos aporta ~ 15 % de los RESPEL generados en la ciudad, sin embargo no fue considerado en los análisis posteriores dados que el sector hospitalario e industrial, aportan en promedio el 85% de los RESPEL generados, además los registros para este sector no mostraron continuidad en su diligenciamiento.

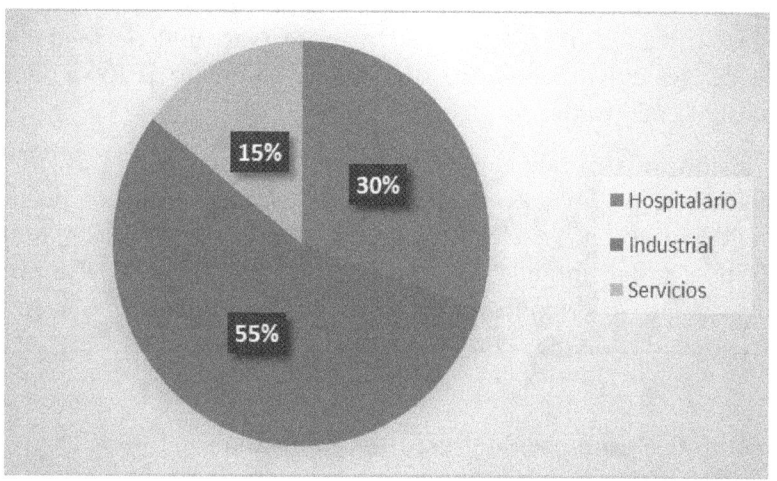

Figura 1. Sectores generadores de RESPEL en Barranquilla. Fuente: Autor.

10. Comportamiento de la generación de residuos peligrosos sector hospitalario e industrial

La generación de residuos hospitalarios en la ciudad de Barraquilla en los años 2009 al 2011 se mantuvo prácticamente constante con valores hasta los 876.530 kg/año. Para el año 2012 se observa un enorme crecimiento con registro de 1.808.254 kg/año, alcanzando a duplicar la cantidad producida en los tres años inmediatamente anteriores, ver figura 2.

Lo anterior puede explicarse, porque en el año 2012 entraron en operación 36 Puntos de Atención en Salud oportuna – PASO- y la ampliación de la cobertura de hospitales de mayor grado de complejidad en la ciudad (Secretaria de Salud Barranquilla, 2012), en cuanto al comportamiento entre los años 2013 al 2014 donde se observa una disminución de aproximadamente 600.000 kg/año, puede atribuirse al cierre de otras instituciones prestadoras del servicio de salud, lo cual fue corroborado en campo, ya que al momento de hacer la visita estas no estaban en funcionamiento.

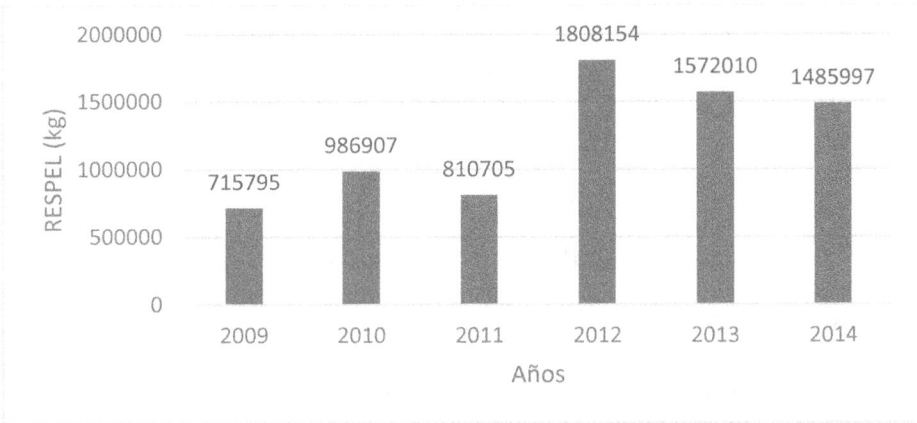

Figura 2. Comportamiento de los RESPEL del sector hospitalario en la ciudad de Barranquilla, para el período comprendido 2009:2014. Fuente: Autor.

Para el caso de los RESPEL correspondientes al sector industrial (Figura 3), se observa que en los años 2009, 2010 y 2011, la cantidad de cantidad de RESPEL generado se mantuvo relativamente constante ~ 2.500.000 ton de RESPEL. Sin embargo, para el año 2012 se aprecia un ligero crecimiento en la generación de dichos residuos con total de 3.486.901 kg, siendo este el año en que el sector industrial ha generado más residuos ambientalmente peligrosos.

Para el año 2013 y 2014 se aprecia una considerable disminución en la generación de RESPEL con una participación de 2.885.803 kg y 2.267.637 kg respectivamente. Lo anterior puede explicarse por el comportamiento que ha tenido el Producto Interno Bruto (PIB), ya que en el año 2012 el PIB del departamento del Atlántico sufrió uno de los mayores incrementos de los últimos 15 años con un 7.17% con respecto al año inmediatamente anterior. Para el año 2013 el incremento en el PIB solo fue de 4.9 %.

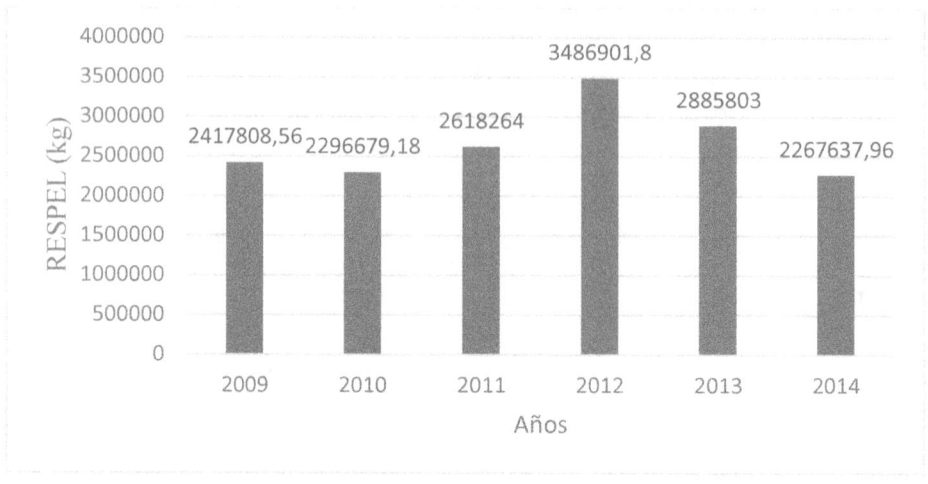

Figura 3. Comportamiento de los RESPEL del sector Industrial en la ciudad de Barranquilla para el período comprendido 2009:2014. Fuente: Autor

11. Comportamiento de la generación de residuos peligrosos por actividad industrial

Las actividades económicas que generan aproximadamente el 80% de los residuos peligrosos en la ciudad de Barranquilla se encuentran divididas en cuatro categorías, las cuales son:

Fabricación de plaguicidas y otros productos químicos de uso agropecuario (CIIU:2021); Actividades de hospitales y clínicas (CIIU:8610), con internación; Fabricación de productos farmacéuticos, sustancias químicas medicinales y productos botánicos de uso farmacéutico (CIIU:2100); Fabricación de jabones y detergentes, preparados para limpiar y pulir, perfumes y preparados de tocador (CIIU:2023), el comportamiento de generación de RESPEL por Actividad, se presenta en las figuras 4, 5, 6 y 7 respectivamente.

Los resultados encontrados muestran que esta actividad (CIIU: 2021) genera una cantidad significativa de RESPEL. Como se puede observar en la figura 4 la máxima cantidad de RESPEL generada fue reportada en el año 2011 con 3.116.112 kg, para los años posteriores se aprecian decrecimientos significativos hasta alcanzar en el año 2014 una generación mínima de 771.957 kg.

Figura 4. Comportamiento de generación de RESPEL, para la actividad de fabricación de plaguicidas y otros productos químicos de uso agropecuario en la ciudad de Barranquilla para el período comprendido 2009:2014 Fuente: Autor

Según el estudio de plaguicidas en Colombia (2013), el crecimiento abrupto en el año 2011 puede ser atribuido, al incremento que tuvieron las exportaciones colombianas en ese año, por ejemplo para el caso de los herbicidas se pasó de exportar ~50.000.000 de kg en el 2010 a ~70.000.000 kg en el 2011, de igual forma para otros tipos de pesticidas se pasó de exportar 100.000.000 kg. A 120.000.000 en el mismo periodo. En el mismo informe se muestra que la ciudad de barranquilla es una de las ciudades exportadoras del país con aproximadamente el 5% del total de las exportaciones.

El modelo estimado (Ecuación 2), mostro un R2 de 0,99, un R2 ajustado de 0,99, un coeficiente de correlación de 0,999 y un P-valor =0,000 indicando una alta relación entre las variables y además que el modelo fue significativo. En el Anexo F:1, se presenta el ANOVA del modelo.

Plaguicidas y otros químicos = exp (0.00000347658*Años^2) **Ecuación 2**

Para la actividad relacionada con hospitales y clínicas con internación, se observó que la generación RESPEL incremento hasta alcanzar la máxima generación en el año 2012 con 1.106.913 kg. Este comportamiento puede ser explicado por el aumento o el crecimiento de la red hospitalaria de la ciudad, como por ejemplo en el año 2012 se abrieron en el distrito 36 Puntos de Atención en Salud Oportuna

(PASO), con lo cual se incrementó la capacidad instalada en cada una de las localidades, entre un 50 y 600% desde el 2008 al 2013 y por ende el número de personas atendidas (Secretaria de Salud Barranquilla, 2012; Valbuena, 2013).

La tendencia a nivel nacional es muy similar a la encontrada en la ciudad de Barranquilla. En el país en el año 2011 se generaron 16.153 toneladas de RESPEL hospitalario y la máxima se alcanzó en el año 2012 con 24.859, para el año 2013 se observa un leve decrecimiento en la cantidad de RESPEL reportada, 23.283 toneladas (IDEAM, 2011; IDEAM, 2012; IDEAM, 2013).

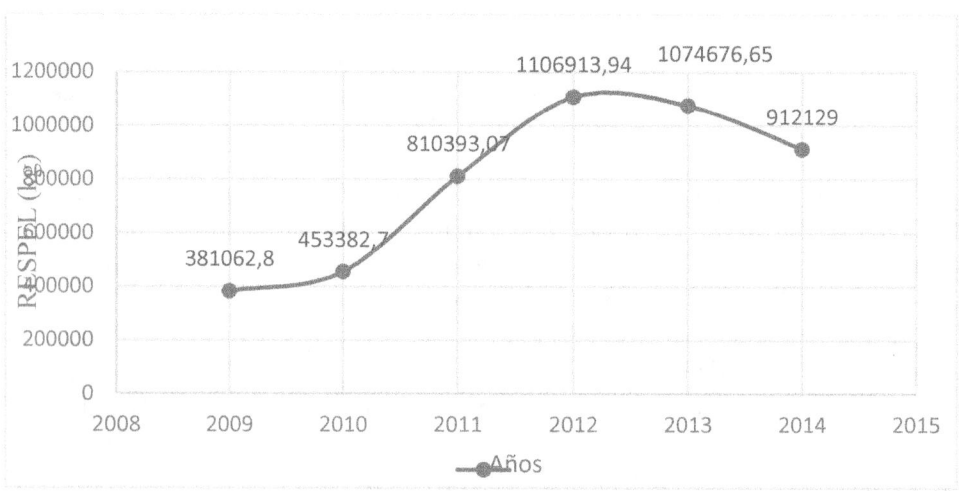

Figura 5. Comportamiento de la generación de residuos para la actividad de hospitales y clínicas con internación en la ciudad de Barranquilla para el período comprendido 2009:2014. Fuente: Autor

El modelo estimado (Ecuación 3), mostro un R2 de 0,73, un R2 ajustado de 0,66, un coeficiente de correlación de 0.85 y un P-valor = 0.0301. En el ANEXO F:2 se presenta el ANOVA del modelo

$$\text{Actividad de hospitales y clínicas} = \exp(431.189 - 840178/\text{Años})$$
Ecuación 3

La actividad relacionada con la fabricación de productos farmacéuticos, sustancias químicas medicinales y productos botánicos de uso farmacéutico, registro en los años 2010 y 2011 los picos máximos de generación de RESPEL con 355.599 kg y 349.305 kg respectivamente.

Este comportamiento puede explicarse por el crecimiento que mostro el sector farmacéutico de 2.9% para el 2010 y 3,3 % para el 2011, según lo establecido por Pro-Barranquilla en el informe "Sector farmacéutico Barranquilla y el Departamento del atlántico 2013", en la figura 6 se presenta el comportamiento de esta actividad económica en el periodo de estudio. El modelo estimado (Ecuación 4), mostro un R2 de 0.99, un R2 ajustado de 0.998, un coeficiente de correlación de 0.999 y un P-valor = 0,000. En el ANEXO F: 3, se presenta el ANOVA del modelo.

Act. Fabricación de productos farmacéutico = exp(25319.4/Años)

Ecuación 4

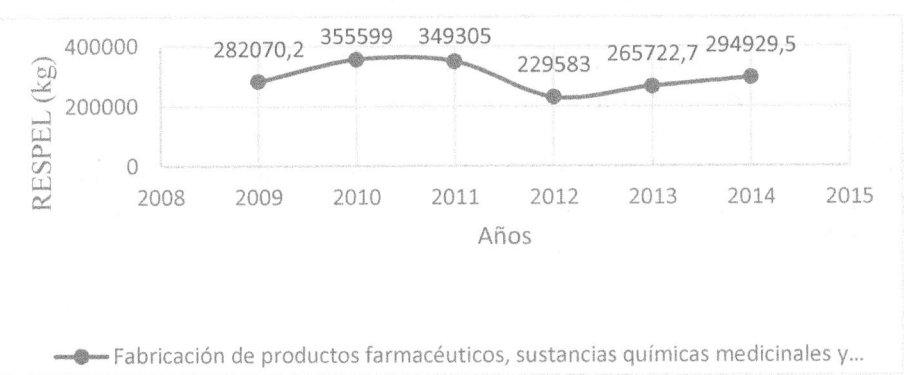

Figura 6. Comportamiento de la generación de residuos para la actividad fabricación de productos farmacéuticos, sustancias químicas medicinales y productos botánicos de uso farmacéutico en la ciudad de Barranquilla para el período comprendido 2009:2014. Fuente: Autor

Finalmente la actividad fabricación de jabones y detergentes, preparados para limpiar y pulir; perfumes y preparados de tocador, no presenta un tendencia definida, más bien presentan una alta variabilidad, tal como se aprecia en la Figura 7. En esta se observa que esta actividad alcanzo el máximo de generación en el año 2012 con 534.376 kg generados, para los años 2013 y 2014 se evidencia un ligero decrecimiento, hasta alcanzar en el último año 45.309 kg.

El comportamiento de esta actividad económica puede ser explicado por lo descrito por la Asociación Nacional de Empresarios de Colombia (ANDI), en su informe "Estadísticas del Sector 2000-2013, cámara de la industria cosmética y del aseo". En este se evidencia que la producción de jabones en miles de peso, pasó de 1.418.656.854 a 1.245.727.544 para los años 2010 y 2011 respectivamente. Lo cual explicaría el descenso en la cantidad generada de RESPEL en el año 2011.

Para el año 2012 el informe muestra que el sector tiene un pronunciado crecimiento alcanzando el máximo en producción con 1.754.344.978 en miles de pesos, dicho crecimiento se produce exactamente en el año en que la generación de RESPEL alcanzó su mayor generación reportada, por lo cual pudiese inferirse que la cantidad de RESPEL generado está directamente influenciado por el comportamiento que tiene la producción de dichos productos.

Otra posible explicación al incremento en la generación de RESPEL para el año 2012 pudo estar asociada a errores incurridos el momento de registrar la información, dado que en este año entro en operación la revisión 4.0 de la Clasificación Industrial Internacional Uniforme, adoptada mediante la Resolución número 000139 de 2012 de la DIAN, lo que ocasiono doble registro de residuos para ese año. El modelo estimado (Ecuación 5), mostro un R2 de 0.97 un R2 ajustado de 0.973, un coeficiente de correlación de 0.986 y un P-valor=0,000. En el ANEXO F:4, se presenta el ANOVA del modelo.

$$\text{Act. Fabricación de jabones y deterge} = \exp(0.00000277788 * \text{Años}^2)$$
Ecuación 5

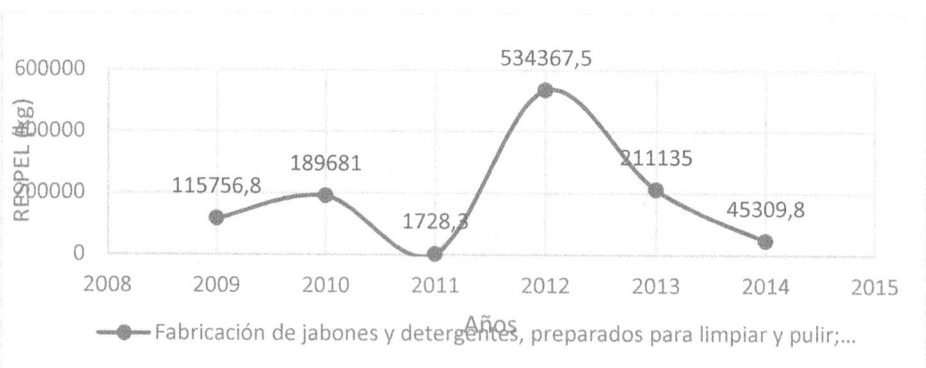

Figura 7. Comportamiento de los RESPEL para la actividad fabricación de Jabones y detergentes, preparados para limpiar y pulir; perfumes y preparados de tocador en la ciudad de Barranquilla para el período comprendido 2009:2014. Fuente : Autor

12. Validación de los RESPEL registrados por empresa

Con el fin de validar lo reportado en el registro, se realizaron visitas de campo a las empresas que permitieron la entrada y brindaron la información. De las 317 empresas reportadas (120 sector industrial y 197 hospitalarias) solo 46 empresas suministraron la información, de las cuales 13 correspondieron al sector industrial (6.59%) y 33 al sector hospitalario (16.75%), ver Tablas 4 y 5.

En la validación en campo, se encontró que las empresas del sector industrial en promedio están dejando de reportar el 9.5% de los RESPEL que generan, lo que equivale aproximadamente a 1571 kg por empresas, lo que equivaldría a dejar de reportar unas 182.000 ton al año si la tendencia se mantuviera. Ahora bien, se aclara que los valores anteriormente mencionados no se pueden afirmar, ya que el número de empresas visitadas no fueron representativas estadísticamente.

El comportamiento encontrado en algunos casos, donde lo informado en la visita vs lo reportado en el registro es menor, puede deberse a que las visitas se realizaron en compañía de funcionarios de la A.A. y ellos en sus actas de seguimiento, dejan establecido si son pequeños, medianos o grandes generadores para el cobro del permiso, por lo que posiblemente algunas empresas con el ánimo de no pagar un permiso tan elevado, en el desarrollo de la visita reportan menos de lo reportado ante el IDEAM.

Tabla 3. Validación de los valores de generación para el sector Industrial en la ciudad de Barranquilla para el período comprendido 2009:2014.

Actividad Económica	Código CIIU	Número de empresas visitada	Valor registrado (Kg)	Valor encontrado (kg)	Diferencias kg
Fabricación de plásticos en formas primarias	2013	1	36000	36946	946
Fabricación de artículos de hormigón, cemento y yeso	2395	2	58099.1	54361	3738.1
Fabricación de	3311	2	6555	5220	1335

instrumentos, aparatos y materiales médicos y odontológicos (incluido mobiliario)				
Elaboración de otros productos alimenticios	1089	1	1500	1000	500
Elaboración de bebidas no alcohólicas, producción de aguas minerales y de otras aguas embotelladas	1104	1	55545	62000	6455
Elaboración de aceites y grasas de origen vegetal y animal	1030	2	13386	12612	774
Fabricación de materiales de arcilla para la construcción	2021	1	21995	26000	4005
Elaboración de productos de molinería	1051	1	323	200	123
Elaboración de productos lácteos	1040	1	2500	3000	500
Fabricación de productos farmacéuticos, sustancias químicas medicinales y productos botánicos de uso farmacéutico	2100	1	11950	10600	1350

Fuente: Autor

Para el caso del sector hospitalario se encontró que este tipo de instituciones están dejando de reportar en promedio 404 kg/ año, es decir unos 79.588 kg/ año en caso de mantenerse la tendencia.

Tabla 4. Validación de los valores de generación para el sector Hospitalario en la ciudad de Barranquilla para el período comprendido 2009:2014

Actividad Económica	Código CIIU	Número de centros de salud visitados	Valor registrado (kg)	Valor encontrado (kg)	Diferencias (kg)
Actividades de las instituciones prestadoras de servicios de salud, con internación	8511	21	97563	91208	6355
Actividades de apoyo terapéutico	8692	1	724	600	124
Actividades de la práctica médica, sin internación	8621	6	7332	7922	590
Pompas fúnebres y actividades relacionada	9603	1	7882	6000	1882
Actividades de la práctica odontológica	8622	2	1345	1820	475
Actividades de apoyo diagnóstico:	8691	2	17892	13980	3912

Fuente: Autor

13. Comportamiento de la generación de residuos peligrosos por corriente de residuo

Los resultados obtenidos por corriente de residuo, muestran que el 83,44% de los RESPEL generados son sólido o semisólido, el segundo estado en orden de importancia fue el líquido con una participación del 16, 5 %, el estado gaseoso tuvo una participación insignificante (0,06 %) del total de RESPEL generado en la ciudad de Barranquilla. El panorama nacional tiene una tendencia similar, el estado sólido-semisólido prima, seguido del estado líquido y el estado gaseoso también resulto ser insignificante.

Por ejemplo para el año 2011 en el país se generaron 177.086

toneladas de RESPEL y el estado predominante de dichos residuos fue el sólido-semisólido con un 63 %, seguido del estado líquido con el 36 % y el para gaseoso con 0,13%. Para el año 2013 se visualiza un comportamiento similar de las 241.618 toneladas generadas el 67,24% fue solido-semisólido, el 32,68 % líquido y la participación del estado gaseso solo ascendió al 0,07 %, este último muy similar al de barranquilla del año 2014 que fue de 0,06 % (IDEAM, 2015).

En la Figura 8, se muestran los valores porcentuales de los estados de los RESPEL generados en la ciudad de Barranquilla.

Las corrientes que representaron el 80% de los residuos generados para estado sólido-semisólido son: Y1 - Desechos clínicos resultantes de la atención médica prestada en hospitales, centros médicos y clínicas (55 %), Y3 - Desechos de medicamentos y productos farmacéuticos (5 %), Y4 - Desechos resultantes de la producción, la preparación y la utilización de biocidas y productos fitofarmacéuticos (7.2 %), Y18 - Residuos resultantes de las operaciones de eliminación de desechos industriales (11.26 %) y A4130 - Envases y contenedores de desechos que contienen sustancias incluidas en el Anexo I del decreto 4741 de 2005 .

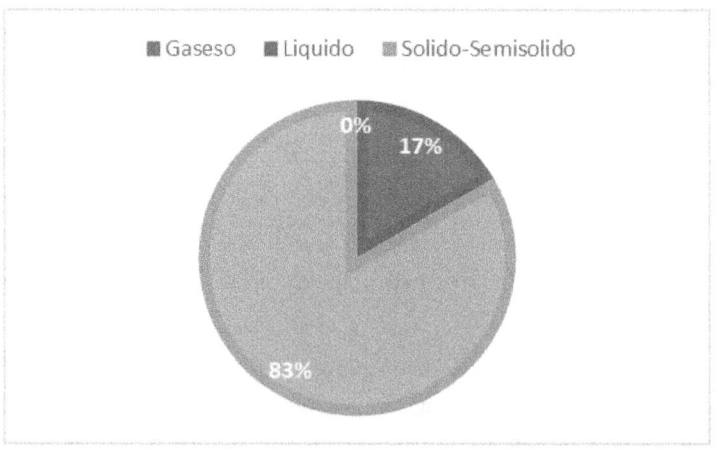

Figura 8. Generación de RESPEL por Estado en la ciudad de Barranquilla para el período comprendido 2009:2014. Fuente: Autor

Para la corriente Y1, se observa la generación máxima de RESPEL en el año 2012 con 1.808.154 kg. Para los años 2013 y 2014 se observa un significativo decrecimiento en la cantidad de RESPEL reportada con 1.572.010 kg y 1.485.996 respectivamente. El incremento en el año 2012 en la Generacion de RESPEL está asociado a la apertura de los 36 PASO.

Según Pérez (2013), en el informe "Barranquilla: avances recientes en sus indicadores socioeconómicos, y logros en la accesibilidad geográfica a la red pública hospitalaria" la ampliación de cobertura en el sector salud oscila entre el 50 y el 600 % dependiendo de la localidad.

Por ejemplo en la localidad metropolitana hubo un incremento en camas del 188%, pasando de 24 en el año 2008 a 69 en el año 2013, Para la localidad suroccidente el incremento fue del 600%, pasando de 31 camas a 217, en la localidad que menos hubo incremento en la aplicación fue norte centro-histórico con un incremento de solo el 50%.

El modelo estimado en la ecuación 6, mostro un R2 de 0,99, un R2 ajustado de 0,99, un coeficiente de correlación de 0,998 y un P-valor=0,000, lo que indica que existe una diferencia significativa entre la generación de este residuo en estado sólido a través del tiempo. En el ANEXO G:1, se presenta el ANOVA del modelo

$$Y1 = \exp(0,00000355185 * Año^2) \quad \textbf{Ecuación 6}$$

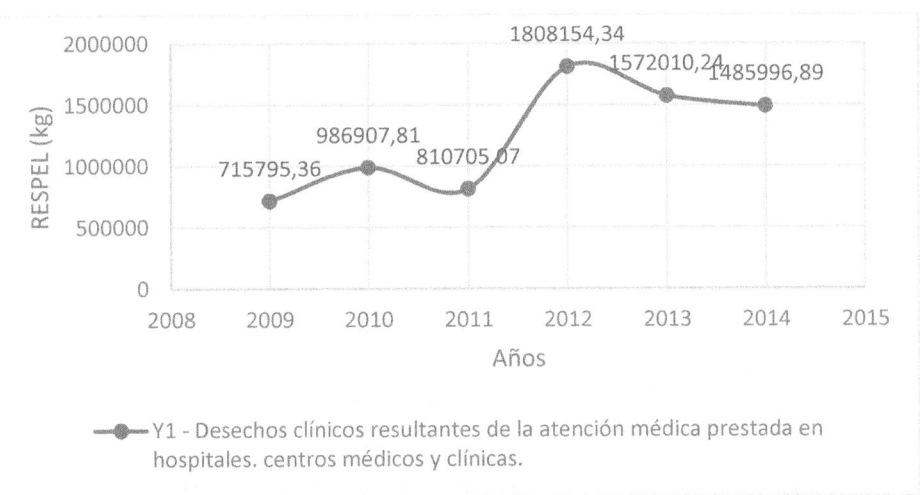

Figura 9. Comportamiento estado sólido-semisólido de la corriente Y1 en la ciudad de Barranquilla para el período comprendido 2009:2014. Fuente: Autor

En la corriente Y3 - Desechos de medicamentos y productos farmacéuticos (Figura 10), se observa que el año con mayor generación

49

de este tipo de RESEPL fue el 2010 el 276.371 kg. Para el año 2012 se registra una considerable reducción en la generación, sin embargo para 2013 y 2014, nuevamente se registran incrementos en la generación de este RESPEL.

El decrecimiento presentado en el año 2011 con respecto al 2010, pudiese estar asociado al decrecimiento que sufrieron las ventas de este sector, las cuales ascendieron al 2.7 %. Por otra parte los leves crecimientos en la Generación RESPEL registrados en los años 2013 y 2014.

Probablemente estén asociados a la recuperación del sector tras la entrada en vigencia del TLC, que según el informe "Estudio del sector farmacéutico colombiano correspondiente al proceso de adquisición, distribución, suministro y control de medicamentos a través de un operador logístico para los usuarios del subsistema de salud de las fuerzas militares de las vigencias 2014 a 2018" fue de 1.7 %. En la figura 10 se aprecia el comportamiento de la corriente de residuos Y3.

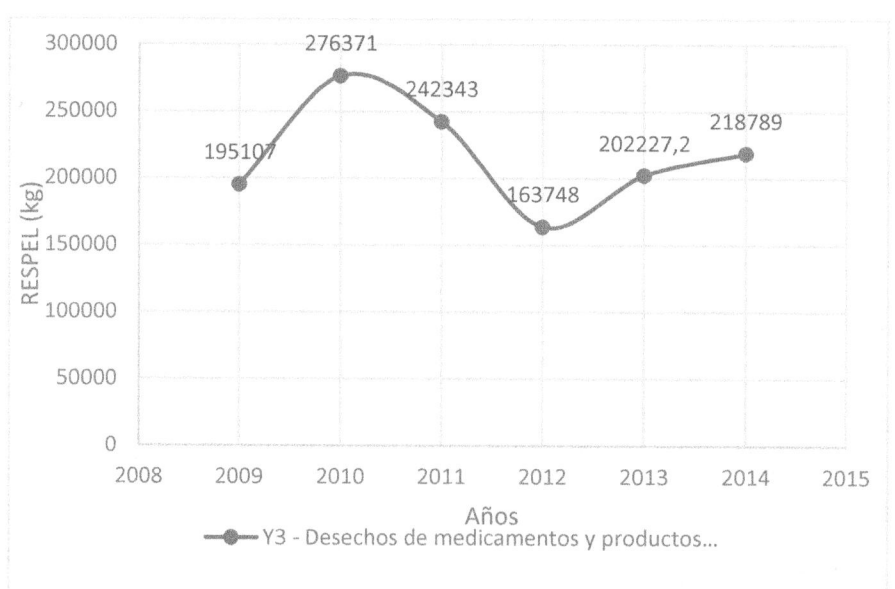

Figura 10. Comportamiento estado sólido-semisólido de la corriente Y3 en la ciudad de Barranquilla para el período comprendido 2009:2014. Fuente: Autor

El modelo estimado en la ecuación 7, mostro un R2 de 0.99, un R2 ajustado de 0.99, un coeficiente de correlación de 0.998 y un P-valor=0.000, lo que indica que existe una diferencia significativa entre la generación de este residuo en estado sólido a través del tiempo. En el ANEXO G.2, se presenta el ANOVA del modelo

$$Y3 = \exp(24683.8/\text{Año}) \quad \textbf{Ecuación 7}$$

La corriente Y4 -Desechos resultantes de la producción, la preparación y la utilización de biocidas y productos fitofarmacéuticos, Reporto la máxima generación en el año 2012 con 649.000 kg de RESPEL, concordando con el PIB más elevado para la ciudad (7.17 %), para los años posteriores se observa una disminución progresiva alcanzando en el año 2014 solo los 1870 kg.

Para los informes nacionales de generación de RESPEL esta corriente no es importante, a diferencia de lo encontrado en la ciudad de Barranquilla, lo cual puede ser explicado por la presencia de grandes industrias fabricante de biosidas.

Por otro lado el comportamiento experimentado por la corriente puede estar directamente influenciado por los crecimientos y decrecimientos que ha experimentado la economía. Por ejemplo en el 2012 el PIB alcanza su valor más alto (7.17 %), el cual decrece en el 2013 hasta 4.9 %, comportamiento similar al de la corriente Y4.

En la figura 11, se muestra el comportamiento para la corriente, Desechos resultantes de la producción, la preparación y la utilización de biocidas y productos fitofarmacéuticos (Y4). Po otra parte para el año 2014 también se evidencia que tres empresas de dicho sector no reportaron RESPEL de la corriente en cuestión.

El modelo estimado en la ecuación 8, mostro un R2 de 0,97, un R2 ajustado de 0,97, un coeficiente de correlación de 0,98 y un P-valor=0,000, lo que indica que existe una diferencia significativa entre la generación de este residuo en estado sólido a través del tiempo. En el ANEXO G:3, se presenta el ANOVA del modelo

$$Y4 = \exp(23950/\text{Año}) \quad \textbf{Ecuación 8}$$

La corriente Y18 - Residuos resultantes de las operaciones de eliminación de desechos industriales, muestra un máximo de generación en el año 2012 con 846.640 kg. Para los dos años siguientes se aprecia una leve disminución, alcanzando los 727.516 kg en el año 2014.

Figura 11. Comportamiento estado sólido-semisólido de la corriente Y4 en la ciudad de Barranquilla para el período comprendido 2009:2014. Fuente: Autor

Según los estipulado por el Informe Nacional 2015, esta es la sexta corriente más generada en el país con ~ 4.964.000 kg y ~ 6.857.000 kg, para los años 2011 y 2012 respectivamente. En la figura 12 se muestra el comportamiento para la corriente Y18.

El máximo alcanzado de esta corriente concuerda con el año en que más se generó RESPEL y es lógico que entre más RESPEL se genere más se deba eliminar. Otra posible explicación al incremento en la generación de la corriente de RESPEL para el año 2012 pudo estar asociada a errores incurridos el momento del diligenciamiento del registro, dado que en este año entro en operación la revisión 4 de la Clasificación Industrial Internacional Uniforme.

A nivel nacional se aprecia también un incremento considerable de esta corriente pasando de 224 toneladas en el 2011 a 874 toneladas en el 2013, para el año 2013 nuevamente se aprecia una reducción en la cantidad generada con 176 toneladas registradas.

El modelo estimado en la ecuación 9, mostro un R2 de 0.75, un R2 ajustado de 0.69, es decir el modelo explica en un 70% el comportamiento de los datos, además el modelo mostro un coeficiente de correlación de 0,86 y un P-valor=0.0252, lo que indica que existe una diferencia significativa entre la generación de este residuo en estado sólido a través del tiempo. En el ANEXO G.4, se presenta el ANOVA del modelo

$$Y18 = 3{,}23522E8 - 6{,}49742E11/\text{Año} \quad \textbf{Ecuación 9}$$

Figura 12. Comportamiento estado sólido-semisólido de la corriente Y18en la ciudad de Barranquilla para el período comprendido 2009:2014. Fuete: Autor

En cuanto a la corriente A4130 - Envases y contenedores de desechos que contienen sustancias incluidas en el Anexo I del decreto 4741 de 2005, muestra un comportamiento variable, alcanzando un máximo en el año 2011 con una generación de 334.349 kg. La mínima cantidad de RESPEL generada se presentó en el año 2012 con 3540 kg.

La reducción exorbitante presentada en el año 2012, está asociada a la falta del diligenciamiento del registro por parte de 4 empresas de este tipo de residuo. Y es ilógico que mientras aumentan los residuos de las corrientes Y18 y Y4 entre otras, se reduzcan los envases o contenedores de dichos residuos.

A nivel nacional la tendencia no es diferente a la hallada en la presente investigación, pues se reportó el 2011 como el año de mayor generación de este residuo con~3.882.300 kg, notándose que el aporte de Barranquilla fue aproximadamente del 10%. En la figura 13 se presenta el comportamiento de la generación del RESPEL en el periodo comprendido entre el año 2009 al 2014.

El modelo estimado en la ecuación 10, mostro un R2 de 0.98, un R2 ajustado de 0.98, un coeficiente de correlación de 0.99 y un P-valor=0.0000, lo que indica que existe una diferencia significativa entre la generación de este residuo en estado sólido a través del tiempo. En el

ANEXO G:5, se presenta el ANOVA del modelo

$$A4130 = \exp(23051,4/\text{Año}) \quad \textbf{Ecuación 10}$$

Figura 13. Comportamiento estado sólido-semisólido de la corriente A4130 en la ciudad de Barranquilla para el período comprendido 2009:2014. Fuente: Autor

Según los resultados obtenidos las corrientes de residuos en estado líquido que más se generaron en el periodo de 2009-2014 fueron:

- Y6 - Desechos resultantes de la producción, la preparación y la utilización de disolventes orgánicos
- Y8 - Desechos de aceites minerales no aptos para el uso a que estaban destinados
- Y9 - Mezclas y emulsiones de desechos de aceite y agua o de hidrocarburos y agua
- A3020 - Aceites minerales de desecho no aptos para el uso al que estaban destinados.

La corriente Y6, muestra un comportamiento variable de generación con respecto al tiempo, alcanzando un máximo en el año 2012 con 115.506 kg de RESPEL, esto puede deberse a dos factores: el primero se encuentra relacionado con el comportamiento del PIB, ya que precisamente este año, mostró el máximo incremento alcanzado para la ciudad de Barranquilla (7.17%).

El segundo factor puede estar relacionado, con errores presentados en el diligenciamiento, dado que el año 2012, el código CIIU y la plataforma de diligenciamiento del registro RESPEL, cambió y se empezó a emplear la revisión 4.0 del CIIU, este último factor, cobra fuerza al comparar el comportamiento de generación de RESPEL a nivel nacional, donde se observa que en el año 2012, todas las actividades presentaron el pico más alto de generación de RESPEL El modelo obtenido (Ecuación 11), mostro un $R2 = 0.994$, un R2ajustado $= 0.997$, un coeficiente de correlación de coeficiente de Correlación $= 0.994$ y un Valor-P de 0.000; mostrando que el modelo explica la variación de los datos. En el ANEXO G:6, se presenta el ANOVA del modelo

$$Y6 = \exp(20833,8/\text{Año}) \quad \textbf{Ecuación 11}$$

La corriente Y8, mostró un crecimiento en el periodo comprendido entre el 2009-2012, alcanzando su máxima generación en el 2012 con 5.685 Kg. Para los años 2013 y 2014 se observó una leve disminución en la generación de dicha corriente, ver figura 15. A nivel nacional, esta corriente presento un aumento del 35,5% entre 2012 y 2013, con más de 8.300 toneladas para este año. Según la ANDI (2016), en los años 2011 y 2012 el sector automotriz tuvo sus mayores consumos aparentes con 351.012 y 325.278 unidades, respectivamente. Si bien los aceites son bienes complementario de los vehículos, pues son necesario para su funcionamiento. Esta pudiese ser la explicación del porque los máximos de generación en esta corriente de residuo se presentaron en los años citados anteriormente. En la figura 15, se presenta el comportamiento para la corriente de residuo Y8.

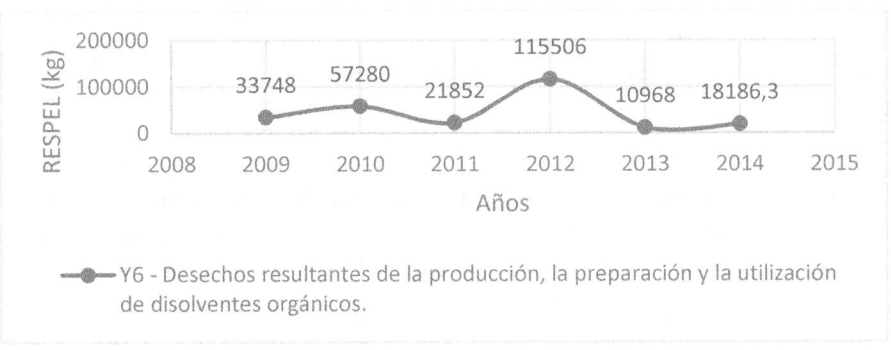

Figura 14. Comportamiento estado líquido de la corriente Y6 en la ciudad de Barranquilla para el período comprendido 2009:2014. Fuente: Autor

Figura 15. Comportamiento estado líquido de la corriente Y8 en la ciudad de Barranquilla para el período comprendido 2009:2014. Fuente: Autor

El modelo obtenido se muestra en la Ecuación 12, con un R2 =0.999, un R2 ajustado = 0.99, un coeficiente de correlación de coeficiente de Correlación = 0.999 y un Valor-P de 0.000; indicando que el modelo explica la variación de los datos con respecto al tiempo. En el ANEXO G:7, se presenta el ANOVA del modelo

$$Y8 = \exp(21608,5/\text{Año}) \quad \textbf{Ecuación 12}$$

Para la corriente Y9, se aprecia que esta alcanzo un máximo de generación en el año 2010 con más de 210.000 kg; en el año 2011 registra un pronunciado descenso hasta alcanzar alrededor de los 72.000 kg, para el año 2012 muestra un significativo crecimiento, alcanzando alrededor de lo 130.000 kg. Finalmente en los años 2013 y 2014, continua el descenso de la cantidad generada hasta los 95.000 kg (IDEAM, 2015).

A nivel nacional las corrientes Y8 y Y9son las más importantes, en el año 2011 representaron el 71% de los RESPEL en estado líquido generados, la primera con una generación de 8.593 toneladas y la segunda con 28.887 toneladas. Para los años 2012 y 2013 la corriente Y9 alcanza una generación de 35.750 y 38.971 toneladas respectivamente.

En barranquilla, según los datos obtenidos se genera una cantidad significativa de esta corriente de residuo, sin embargo, no es la corriente más importante, dado que en la ciudad priman otras actividades económicas (IDEAM, 2011; IDEAM, 2012; IDEAM, 2013). El modelo obtenido (Ecuación 13), tuvo un R2 =0.99, un R2ajustado =0.99, un coeficiente de correlación = 0.999 y un Valor-P de 0,000; indicando que el modelo explica con bastante exactitud la variación de los datos. En el ANEXO G:8, se presenta el ANOVA del modelo

$$Y9 = \exp(23429,7/\text{Año}) \quad \textbf{Ecuación 13}$$

Finalmente para la corriente A3020, se observó un comportamiento decreciente con respecto al tiempo, lo cual es lógico, dado que en la medida en que se incremente la cantidad de RESPEL generada, también lo haga los envases o contenedores que los contienen o que han estado e contacto con ellos. Cabe resaltar que este tipo de recipiente generalmente son los usados para el almacenamiento de los Desechos de aceites minerales no aptos para el uso a que estaban destinados", es decir la corriente (Y8).

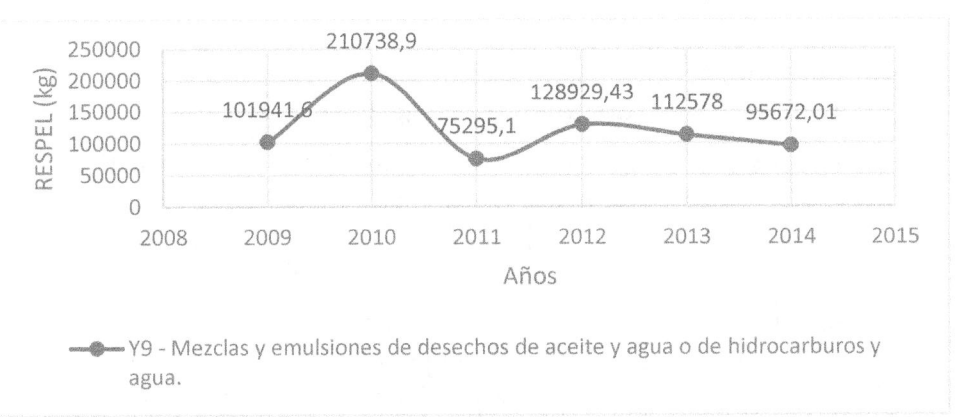

Figura 16.Comportamiento estado líquido de la corriente Y9 en la ciudad de Barranquilla para el período comprendido 2009:2014. Fuente: Autor

El modelo obtenido (Ecuación 14). Mostro un R2 =0,98 un R2 ajustado = 0, 98, un coeficiente de correlación de coeficiente de Correlación = 0,99 y un Valor-P de 0,000; mostrando que el modelo explica la variación de los datos. En el ANEXO G:9, se presenta el ANOVA del modelo

$$A3020 = \exp(0,00000246233*\text{Años}^2) \quad \textbf{Ecuación 14}$$

Figura 17. Comportamiento estado líquido de la corriente A3020 en la ciudad de Barranquilla para el período comprendido 2009:2014.Fuente: Autor

14. Comportamiento de la generación de residuos peligrosos por tipo de disposición, tratamiento y/o aprovechamiento

En el periodo comprendido entre el año 2009 y 2014, los tipos de disposición y/o aprovechamientos más representativos han sido la disposición en Celdas de seguridad, incineración, Reciclado o recuperación de metales y compuestos metálicos, reutilización de aceites.

Celda De Seguridad

Los resultados muestran que en el periodo comprendido entre el año 2009 y el 2014, las corrientes Y12 y Y1 son las más dispuestas en las celdas seguridad con una participación del 24 y 23% respectivamente, la corriente que menos aportó en el mismo periodo fue la A1120 con el 8,2%. ver figura 18.

Una de las posibles causas de la disposición de los desechos resultantes de la producción, preparación de tintas, colorantes, pigmentos, pinturas, lacas o barnices (Y12), en celdas de seguridad es la imposibilidad de incinerar este residuo por la posible generación de dioxinas y furanos, compuestos que tienen alta estabilidad en las diferentes matrices ambientales y además una elevada toxicidad en bajas y altas concentraciones (Xiao et al., 2016; Giraldo & Ocampo, 2005; Porta et al., 2002; Pérez et al., 2001).

La cantidad dispuesta de este tipo RESPEL para los años 2011,

58

2012 y 2013 fueron 214, 166 y 266 toneladas respectivamente, se puede decir que en barranquilla no se realiza aprovechamiento a este residuo, si no que todo es dispuesto en celdas de seguridad.

A nivel nacional el panorama es diferente, por ejemplo en el año 2011 de esta corriente fueron tratados 3689 kg, mientras que 3216 kg fueron dispuestos en celdas de seguridad directamente, para el año 2013 fueron tratados 3654 kg y dispuestos directamente 2617 kg. Lo anterior indica que en el país aproximadamente el 50% de la corriente es aprovechada.

Para la corriente Y1, si bien resulta significativa este tipo de disposición se observa que cobra gran importancia es en el año 2012 con más de seiscientas mil toneladas dispuestas en celdas de Seguridad, coincidiendo con el año en que este sector genero la mayor cantidad de RESPEL de los estudiados, para los años 2013 y 2014 se aprecia una significante reducción en la cantidad de RESPEL "Y1" dispuesta en celda de Seguridad, lo cual pudiese estar asociado a la importancia que ha cobrado la incineración de este tipo de RESPEL.

Es de notar que en barranquilla tampoco se realiza ningún tipo de aprovechamiento de este tipo, o por lo menos no hay evidencia en los registros de residuos. Por ejemplo en el país en el año 2013 de las 23.560 toneladas generadas 15.571 toneladas fueron tratadas y 7.498 fueron dispuestas en celdas de seguridad.

Para la corriente Y18 solo se tiene información que todos son dispuestos en celdas de seguridad, a nivel nacional el panorama es diferente, se evidencia que este tipo de RESPEL desde el 2011 es transformado y aprovechado; es así como en el año 2011 de las 5.081 toneladas generadas 242 fueron tratadas, para el año 2013 de las 7.584 generadas, 883 fueron aprovechadas y transformadas. En la figura 18 se muestran las corrientes de RESPEL dispuestas en celdas de seguridad en la ciudad de Barranquilla.

Realizando un análisis de la disposición de RESPEL en celda de seguridad en el periodo comprendido entre el año 2009-2014, se aprecia que la mayor cantidad de RESPEL dispuesta en las celdas se dio en el año 2012, con más de 1.200.000 toneladas, siendo la corriente que más aporto la Y1, con aproximadamente 650.000 toneladas.

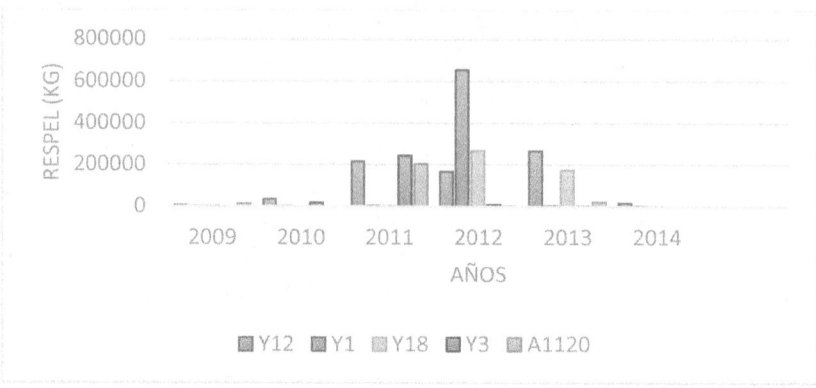

Generación de residuos peligrosos en Barranquilla Años 2019-2014

Figura 18. Corrientes de RESPEL que más fueron dispuestas en Celdas de Seguridad en la ciudad de Barranquilla para el período comprendido 2009:2014. Y1:Desechos clínicos resultantes de la atención médica prestada en hospitales, centros médicos y clínicas; Y3 Desechos de medicamentos y productos farmacéuticos; Y_12 Desechos resultantes de la producción, preparación y utilización de tintas, colorantes, pigmentos, pinturas, lacas o barnices; Y_18 Residuos resultantes de las operaciones de eliminación de desechos industriales. A1120_ Lodos residuales, excluidos los fangos anódicos, de los sistemas de depuración electrolítica de las operaciones de refinación y extracción electrolítica del cobre.Fuente: Autor

En la figura 19, se muestra el comportamiento de los RESPEL dispuestos en celdas de seguridad, en esta se aprecia que este tipo de disposición final tiene una marcada tendencia a disminuir, alcanzando en el último año de estudio (2014), alrededor de 45.000 toneladas. A nivel nacional se sigue la misma tendencia, por ejemplo en el año 2012 la cantidad dispuestas en celdas de seguridad fue de 442.000 toneladas, mientras que en el 2013 solo fueron 23.250 toneladas (IDEAM, 2012; IDEAM, 2013).

Los resultados obtenidos permitieron estimar un modelo a través de un análisis de regresión simple, que simula el comportamiento de la disposición en celda de seguridad a través del tiempo, el modelo encontrado (Ecuación 15) mostro un R2= 0,98, un R2 ajustado de 0,988, un coeficiente de correlación de 0,99 y un P-valor = 0,000 lo cual indica que el modelo tiene alta correlación y es significativo, es decir explica la variabilidad de la disposición en celda de seguridad (ANEXO H).

En la figura 19, también se observa que este tipo de disposición tiende a disminuir con el tiempo lo cual puede estar asociado al elevado costo que representa. En el ANEXO H:1, se presenta el ANOVA del modelo.

Celda de Seguridad = exp (0,00000306296*Año^2) **Ecuación 15**

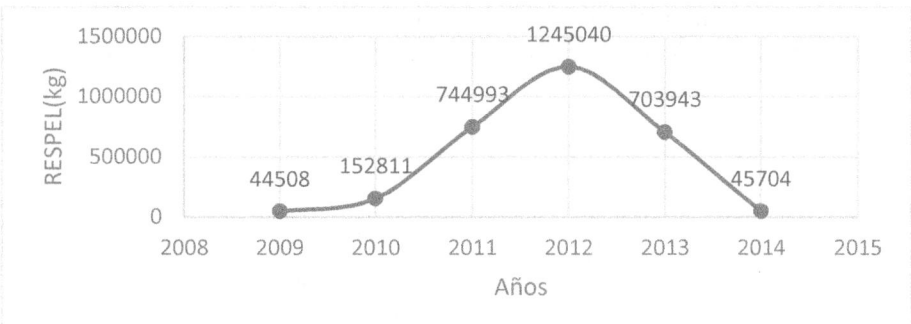

Figura 19. Comportamiento de los RESPEL dispuestos en celda de seguridad en la ciudad de Barranquilla para el período comprendido 2009:2014

Fuente: Autor

➤ Incineración de residuos (Disposición térmica)

Las corrientes de residuos que cobran más importancia para este tipo de tratamiento, fueron la Y1 y la Y18 con una participación del 61 % y el 20% respectivamente. Según Monge (1997), generalmente los residuos de naturaleza infecciosa deben ser incinerados, dado que este tipo de tratamiento destruye cualquier tipo de microorganismos de naturaleza infecciosa, además dicho proceso tiene las ventajas de destruir cualquier material que contenga carbón orgánico y reducir su volumen entre un 80 a un 95% y su masa en aproximadamente un 70% (Yan et al., 2012; Cantanhede, 1999; Grochowalski, 1998).

Es por ello que este tipo de tratamiento ha tomado bastante auge en los últimos años, con tendencia a seguir en aumento. En la Figura 20, se muestra el comportamiento de las cantidades de RESPEL Y1 y Y18 incineradas entre los años 2009 y 2014.

A nivel nacional la corriente Y1 es las segunda más incinerada después de la Y9, con una incensación promedio de 19.295, 14.290 y 14.854 toneladas, para los años 2011, 2012 y 2013 respectivamente. El panorama a nivel nacional, en cuanto al comportamiento es muy similar al encontrado en la ciudad de barranquilla, según el informe nacional de gestión de Residuos peligrosos de 2013, en el país la mayor cantidad Y1 incinerados, se dio en el año 2012, tal como sucedió en Barranquilla.

Para la corriente Y18, a nivel nacional se observa que en el periodo comprendido entre los años 2011 y 2013, la incineración de los

RESPEL Y18 permanece prácticamente constante con 1900 toneladas. En barranquilla en el año 2012 se observa una incineración de este tipo de residuos de aproximadamente 550 kg, mientras que en los año 2011 y 2013 permaneció prácticamente constante con aproximadamente 400 kg.

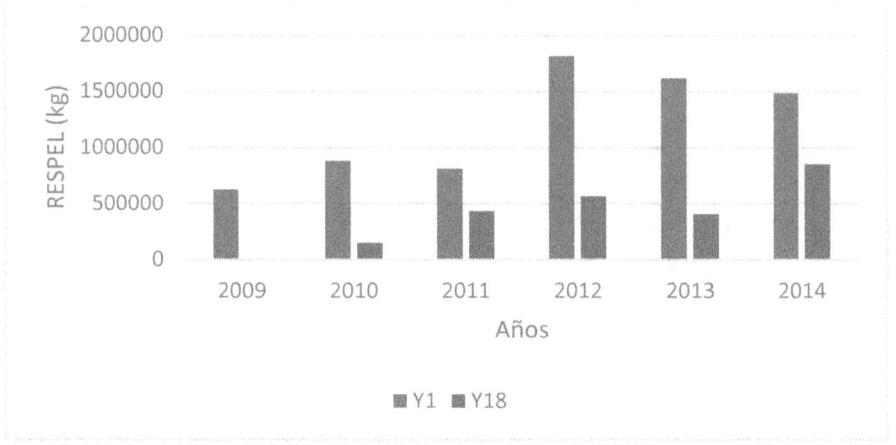

Figura 20. Corrientes de RESPEL que más fueron tratadas en incineración en la ciudad de Barranquilla para el período comprendido 2009. Fuente: Autor

Realizando un análisis general de la cantidad de RESPEL incinerado se observa que el año en que más fueron incinerados REPSEL fue el 2012, con más de 2.600.000 toneladas, coincidiendo con el año en que más se generaron RESPEL en Barranquilla. La tendencia que tiene este tipo de tratamiento es a incrementar, lo cual es atribuido a las ventajas que presenta este tipo de tratamiento, en la figura 21 se aprecia el comportamiento de los RESPEL incinerados en Barranquilla.

Los resultados encontrados, permitieron estimar un modelo matemático (Ecuación 16) con $R2$ de 0,87 un $R2$ ajustado de 0,796, un coeficiente de correlación de 0,91 y un p-valor= 0,0105; indicando que existe una relación relativamente fuerte entre las variables y además que el modelo es significativo.

En la figura 19, se observa que la cantidad de residuos incinerados tiende aumentar con el tiempo, lo cual puede deberse a las ventajas que tiene este tratamiento o al costo asociado, caso contrario ocurre con las disposiciones en celdas de seguridad. En el ANEXO H. 2 Se presenta el ANOVA del modelo

$$y = 3\text{E-}128\exp^{0,1532x} \quad \textbf{Ecuación 16}$$

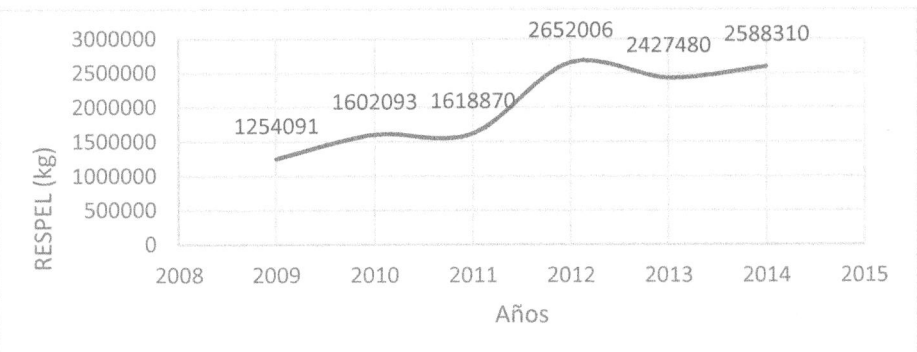

Figura 21. Comportamiento de los RESPEL incinerados en la ciudad de Barranquilla para el período comprendido 2009:2014. Fuente: Autor

Los tratamientos de aprovechamiento más representativos en la ciudad de Barranquilla son: R4-Reciclado o recuperación de metales y compuestos metálicos y R9- Regeneración u otra reutilización de aceites usados. Las figuras 21 y 22 muestran el comportamiento para cada tipo de aprovechamiento.

Para el caso del Aprovechamiento R4 "Reciclado o recuperación de metales y compuestos metálicos", se observa que tiene una tendencia creciente, alcanzando en el año 2012 aprovechar más de 11.600 toneladas, sin embargo en el año 2013 se aprecia un decrecimiento hasta 2.517 toneladas y para el 2013 se registran más de 16.500 toneladas aprovechadas.

La disminución en el año 2013 se debe precisamente a que dos empresas no reportaron en su informe el tipo de aprovechamiento de la corrientes que más generaban (A1180-Montajes eléctricos y electrónicos de desecho o restos de éstos que contengan componentes como acumuladores y otras baterías incluidos en la lista A, interruptores de mercurio, vidrios de tubos de rayos catódicos y otros vidrios activados y capacitadores de PCB, o contaminados con constituyentes del Anexo I (por ejemplo, cadmio y Y18- Residuos resultantes de las operaciones de eliminación de desechos industriales.) y por ende su aprovechamiento.

A nivel nacional e este tipo de aprovechamiento ha sido muy variable, por ejemplo en el año 2011 se alcanzaron aprovechar alrededor de 4.300 toneladas, para los años siguientes la cantidad aprovechada se reduce de manera drástica alcanzando para los años 2012 y 2013 aprovechar solo 106 y 186 toneladas respectivamente. En la figura 22 se muestra el comportamiento para R4.

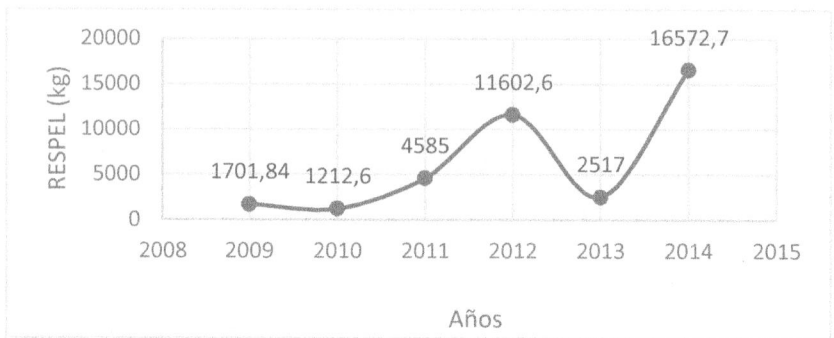

Figura 22. Comportamiento del Reciclado o recuperación de metales y compuestos metálicos en la ciudad de Barranquilla para el período comprendido 2009:2014.
Fuente: Autor

Para el tratamiento R9 - Regeneración u otra reutilización de aceites usados, se muestra un comportamiento altamente variable y con una tendencia a disminuir. Por ejemplo para el año 2009 fueron regeneradas aproximadamente 80.900 toneladas, las cuales se redujeron hasta 73.200 en el año 2012 y finalmente para el año 2014 solo se regeneraron alrededor de 55500 toneladas.

A nivel nacional el panorama es altamente variable y con tendencia a disminuir, en el año 2011 la cantidad regenerada de aceites fue de 6.811 toneladas, cifra que se reduce significativamente para el año 2012 a 4014 toneladas y finalmente para el 2013 solo se registran 2.231 toneladas.

En barranquilla la tendencia a disminuir puede ser explicada por la importancia que ha venido cobrando el empleo de aceites como combustible. En la figura 23 se muestra el comportamiento para los tratamientos R1 y R9.

Como se puede observar, los tratamientos de RESPEL que se realizan en la ciudad de Barranquilla son químicos y físicos, dejando visto el no uso de tratamientos biológicos de este tipo de residuos en la ciudad de Barranquilla.

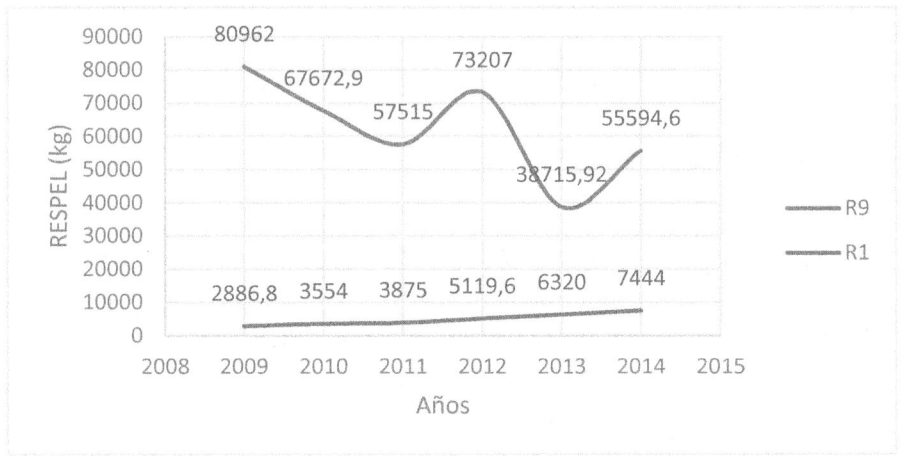

Figura 23. Comportamiento de la generación o reutilización de aceites usados en la ciudad de Barranquilla para el período comprendido 2009:2014. R1 - Utilización como combustible (que no sea en la incineración directa) u otros medios de generar energía.; R9 - Regeneración u otra reutilización de aceites usados. Fuente: Autor

Ahora bien, de acuerdo a lo revisado en la bibliografía, donde Inglezakis (2015), establece que los RPD corresponden aproximadamente a 1/3 de los residuos municipales, se identificó para Barranquilla el manejo actual que se le da a estos, el análisis, se realizó, mediante la aplicación de encuestas y el alcance es en dos enfoques, sin influencia del estrato y con influencia del estrato, asimismo, se establece frecuencia de generación de RAEE y la percepción en el manejo de residuos por parte de las instituciones, a continuación se muestran los resultados.

15. Identificación del manejo actual de RPD sin influencia de estrato

A continuación, se muestran los resultados de las encuestas sin ninguna diferenciación por estrato, para este primer análisis, se calcularon intervalos de confianza con el fin de estimar la percepción de los barranquilleros con respecto a las preguntas realizadas.

Para el primer interrogante respecto, a si la población reconoce que los residuos se clasifican, almacenan y disponen de la misma manera, se calcularon Intervalos de confianza, que permiten dar una aproximación sobre toda la población, como se puede observar entre el 65% y 70,5% de las personas dicen que los residuos no se clasifican de la misma manera contra un 30% que sí reconoce que estos se deben clasificar de igual manera, asimismo, se puede evidenciar que la menor proporción la constituyeron las opciones No sé y No me interesa con el 2% y 0.3% de la población, información que es presentada en la tabla 6.

Tabla 5. Población que reconoce que los residuos se clasifican, almacenan y disponen de la misma forma

VALOR	PORCENTAJE	IC 95%	
SI	27.1%	22.6%	31.6%
NO	70.5%	65.9%	75.1%
NO SE	2.1%	0.7%	3.5%
NO ME INTERESA	0.3%	0.0%	0.8%

Fuente: Autor

En cuanto al segundo interrogante, acerca de si las personas separan los residuos orgánicos (restos de comida) e inorgánicos (envases de bebidas, latas, papel, cartón, etc.), alrededor del 50% de las personas encuestadas dijeron que si separaban los residuos, frente al 45% que manifestaron no hacerlo, solo un 2% respondió que no le interesa, lo que deja de manifiesto que en Barranquilla menos de la mitad de la población no hace una segregación en la fuente de los residuos generados, tal como se observa en la tabla 7.

Estos resultados, son acordes a lo analizado a nivel nacional en el informe sobre la política pública de inclusión de recicladores de oficio en la cadena de reciclaje, para las ciudades de Barranquilla, Bogotá, Bucaramanga, Manizales y Medellín (2014).

En este proyecto, se realizaron encuestas para medir la percepción ciudadana en las cinco ciudades, estableciendo que el porcentaje de ciudadanos que manifiestan realizar prácticas de reciclaje y reutilización es muy bajo, inferior al 50% en todas las ciudades, lo que demuestra que persisten las prácticas de mal manejo de residuos sólidos en las principales ciudades del País (Red de Ciudades como vamos, 2014).

Tabla 6. Porcentaje de población que clasifican sus residuos en orgánicos e inorgánicos

VALOR	PORCENTAJE	IC 95%	
SI	51%	46% .	56%
NO	45%	40%	50%
NO SE	1%	0%	2%
NO ME INTERESA	2%	0%	3%

Fuente: Autor

En cuanto al tercer interrogante, donde se solicitaba establecer la importancia de realizar una separación de los residuos orgánicos (restos de comida) e inorgánicos en un rango de 1 a 5, siendo 5 el más importante, el Intervalo de confianza estuvo en un rango de 4,3-4,5 en valor de importancia para la separación de residuos (Tabla 8).

Lo que denota que para la población Barranquillera el separar los residuos si es de gran importancia, aunque la mayoría no lo haga, dato acorde con el informe referenciado en el análisis de la pregunta dos, que enseña que en Colombia no se realiza una segregación de residuos.

Otro aspecto que vale la pena mencionar, es que durante el desarrollo de la encuesta las personas mencionaban que no lo hacían porque en el relleno sanitario no hacen ningún tipo de separación, así que el hacerlos no iba a tener ningún efecto ya que igual serían mezclados al momento de su disposición.

Tabla 7. Estimación de la importancia sobre la separación de residuos

Promedio	4.4
IC 95%	
4.3	4.5

Fuente: Autor

A la población, se le preguntó qué hacían con residuos como: celulares, licuadoras, microondas, aspiradoras, ventiladores, televisores, computadores, aires acondicionados, neveras, lavadoras, impresoras y equipos de sonido; si estos eran reutilizados, dispuestos en centros especializados, entregados a recicladores o si los botaban en la basura o el arroyo, el 49% de las personas dijeron que los reutilizaban, en cambio, el 45% se los entrega a recicladores y un 14% lo dispone en centros especializados (centros comerciales, empresas especiales), tal como se observa en la Tabla 9.

Tabla 8. Disposición de los RAEE del sector domiciliario en Barranquilla

	PORCENTAJE	IC 95%	
REUTILIZAR	49%	44%	54%
BOTAR A LA BASURA	34%	30%	39%
BOTAR A UN ARROYO	0%	0%	1%
DISPONE EN CENTROS ESPECIALIZADOS	14%	11%	18%
SE LOS ENTREGA A RECICLADORES	45%	40%	50%

Fuente: Autor

Como se puede observar, los valores más representativos fueron reutilizar y entregar a recicladores, esto, es acorde con lo establecido por Restrepo y colaboradores (2010) en el Informe sobre el manejo de los RAEE a través del sector informal en Bogotá, Cali y Barranquilla, donde se establece que el sector residencial es uno de los principales contribuyentes a la generación de estos residuos, y que pueden darse diferentes caminos para llegar a su disposición final, tal es el caso de electrodomésticos más pequeños que se almacenan por largos períodos de tiempo y cuando ya no se tiene donde tenerlos, se disponen en la basura para ser transportada al relleno sanitario y es allí donde entran recicladores informarles en buscar y tomar los RAEE para venderlos.

En otros casos son entregados directamente a ellos, pero en los dos casos se generan impactos por los residuos sobrantes como vidrio de la pantalla y carcasa plástica de los computadores, además porque al ser informales, la mayoría realizan esta recuperación en diferentes puntos de la ciudad, sin mecanismos controlados, lo que genera impacto en la salud de las personas e impacto en el medio ambiente (lixiviados, contaminación al aire por quema incontrolada, contaminación a cuerpos de agua, entre otros) (Slack et al. 2009).

Esta situación, no es muy diferente a la de otras ciudades Latinoamericanas, tal es el caso de Perú donde en el informe, reportan que el los RAEE también son almacenados por largos período de tiempo hasta las personas tomar la decisión de disponerlos, una vez tomada, la acción más conocida es la venta a recicladores que pasan por las calles y compran residuos a un precio representativo (Zellweger y Martínez, 2012)

Teniendo en cuenta, la importancia de realizar una línea base sobre la frecuencia de generación de RAEE en la ciudad de Barranquilla, se les pregunto a las personas cada cuanto cambiaban los equipos mencionados en la Tabla 10, con el fin de saber cada cuanto se pueden estar generando estos residuos en la ciudad, obteniéndose los siguientes resultados:

Tabla 9. Frecuencia de generación de RAEE en años

	Promedio en Años	IC 95%	
CELULAR	2.2	1.8	2.5
LICUADORA	4.0	3.3	4.6
MICROONDAS	3.6	3.2	4.0
ASPIRADORAS	4.6	3.5	5.6
VENTILADORES	3.8	3.3	4.3
TELEVISORES	5.8	5.1	6.4
COMPUTADORES	4.6	4.0	5.1
AIRES ACONDICIONADOS	5.1	4.5	5.7
NEVERAS	8.1	7.2	8.9
LAVADORAS	6.6	5.9	7.2
IMPRESORAS	3.2	2.6	3.8
EQUIPOS DE SONIDO	6.1	5.2	7.0

Fuente: Autor

De acuerdo a la tabla anterior, se puede apreciar que el equipo con mayor frecuencia de cambio es el celular con un promedio de 2.2 años y el de menor frecuencia es la nevera con frecuencia de 8 años de cambio.

De acuerdo al Centro Nacional de producción más limpia, en su estudio sobre la Situación Actual de la Gestión de RAEE en Colombia (2013), la generación de estos residuos ha aumentado de 120.000 ton en el 2009, hasta los 180.000 ton en 2012, con un incremento de 2.7kg/hab a 3.9kg/hab en un período de cinco años, atribuyendo estos resultados a la demanda y consumo de Aparatos Eléctricos y Electrónicos (AEE), existiendo al 2012 solo 18 empresas debidamente registradas en el país para el reciclaje de estos residuos.

Estos resultados no solo se dan en nuestro país, según el informe de la universidad de las Naciones Unidas "e-Waste en América Latina" (2015), a nivel mundial se descartaron en 2014 aproximadamente 40.000.000 ton, de las cuales ~4.000.000ton fueron aportados por

Latinoamérica y en celulares que son los de mayor frecuencia de generación, se aportaron 189.000ton a nivel mundial, representando solo una pequeña proporción de RAEE.

Esto demuestra que aunque sea el más frecuente no es el RAEE que más se genera, ya que los RAEE con mayor cantidad de generación corresponde a los provenientes de electrodomésticos pequeños (licuadoras, microondas, aspiradoras, entre otros), lo que concuerda con lo hallado en la presente investigación ya que son precisamente estos AEE, los que después de celulares presentan la mayor frecuencia de cambio. Según las estadísticas demostradas para Latinoamérica le generación de RAEE de celulares ha aumentado de 5 gr/persona en el año 2000 a 32 gr/persona en el 2015.

Ahora bien, comparando estos resultados con los obtenidos sobre el tipo de disposición final de estos residuos, donde aproximadamente el 40% de la población dijo que los entregaba a recicladores, que no pertenecen a una empresa debidamente constituida y con todos los permisos ambientales para su operación, demuestra la inadecuada gestión que se realiza sobre este tipo de residuos, ya que los recicladores no son personas capacitadas y entrenadas en el manejo y gestión de RESPEL, lo que puede generar un impacto negativo al medio ambiente, por el aumento de botaderos a cielo abierto.

Problemática a la que se ve enfrentada la ciudad de Barranquilla, donde el DAMAB, ha identificado 193 botaderos que tienen un efecto sobre la población y dentro de los cuales se han identificado RAEE, más no se han desarrollado estudios donde se realicen caracterizaciones, ni cuantificaciones de los RPD incluido RAEE en los botaderos identificados, pues lo que realiza la A.A con estos es erradicarlos y le pagan a la empresa prestadora del servicio de aseo por llevárselo al relleno sanitario, donde son dispuestos sin ningún tipo de clasificación. (DAMAB, 2012)

Al preguntársele si reduciría la cantidad de residuos mencionados anteriormente, en caso de tener que pagar por desecharlos, el mayor porcentaje (46%) de la población, respondió que sí lo haría, frente a un 33% que dice que no lo haría (Tabla 11), lo que demuestra que al tocar un factor monetario que pueda alterar los ingresos de las casas puede hacer que las personas se vean obligadas a reducir la generación de sus RESPEL.

Tabla 10. Estimación sobre la posibilidad de reducción de RPD en caso de cobro.

VALOR	PORCENTAJE	IC 95%	
SI	46%	41%	51%
NO	33%	29%	38%
NO SE	19%	15%	23%
NO ME INTERESA	1.6%	0.3%	2.9%

Fuente: Autor

En cuanto a si las personas reconocen los efectos negativos que generan a la salud el manejo inadecuado de los RESPEL (Tabla 12, Figur 24) el 89% de los encuestados respondieron que si lo reconocían, y solo un 14% dijo que no hacerlo, los efectos que más fueron mencionados por las personas durante el desarrollo de la encuesta son: intoxicación, inhalación, muerte, cáncer, envenenamiento, entre otros. Ahora bien, este mismo comportamiento se observó al preguntarle si reconocía los impactos sobre el medio ambiente por el manejo inadecuado de los RESPEL, donde el 87% de la población respondió afirmativamente (Tabla 13, Figura 24), los impactos mencionados durante el desarrollo de la encuesta, corresponde en su mayoría a contaminación del suelo y agua.

Tabla 11. Estimación sobre los efectos en la salud por manejo inadecuado de RESPEL

VALOR	PORCENTAJE	IC 95%	
SI	85%	81%	89%
NO	10%	7%	13%
NO SE	4%	2%	6%
NO ME INTERESA	0.8%	0.0%	1.7%

Fuente: Autor

Tabla 12. *Estimación sobre los efectos en el medio ambiente debido al manejo inadecuado de RESPEL*

VALOR	PORCENTAJE	IC 95%	
SI	87%	84%	91%
NO	8%	5%	11%
NO SE	4%	2%	6%
NO ME INTERESA	0.3%	0.0%	0.8%

Fuente: Autor

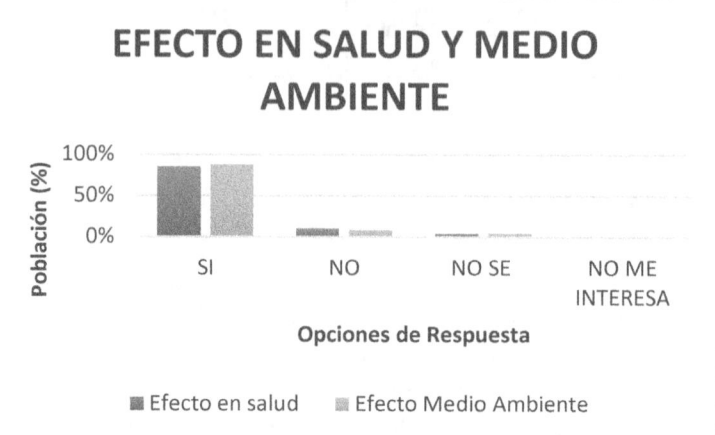

Figura 24 Efecto a la salud y medio ambiente por manejo inadecuado de RESPEL.
Fuente: Autor

En cuanto a la necesidad de capacitarse, para realizar un manejo adecuado de los Residuos Peligrosos Domiciliarios-RPD-, y sobre como esto, podría ayudar a realizar un manejo adecuado de los residuos, la valoración promedio sobre la importancia descrita por la población encuestada fue de 4,6 de 5,0 (Tabla 14).

Por lo que se denota que las personas si creen que es importante capacitarles en cómo manejar los RESPEL generados a nivel domiciliario, esto concuerda a lo referido por Guerrero, Maas y Hogland, (2013), que establecen la importancia de capacitar a diferentes grupos de interés, incluyendo el sector domiciliario, en el manejo y clasificación de residuos, en miras de lograr un modelo sostenible en las ciudades en vía de desarrollo.

Tabla 13. Importancia para la población de capacitarse en manejo de RPD.

Promedio	4,6
IC 95%	
4,5	4,7

Fuente: Autor

Se le preguntó a la población Barranquillera, si consideraban que en la ciudad se manejan adecuadamente los Residuos de Aparatos eléctrico y electrónicos (RAEE) y RPD, a lo cual, el 84% respondió que no consideraban que se esté realizando un manejo adecuado sobre estos residuos, frente un 8% que piensa que si son manejados adecuadamente (Tabla 15).

Demostrándose que la población en general piensa que no se está realizando una gestión adecuada de estos RESPEL por parte de los entes encargados, ya que sustentan que no se realiza una separación de residuos en el relleno y si lo hacen igual lo vuelven a mezclar en este, además durante la aplicación de la encuesta dicen comentarios como "El DAMAB, no hace lo suficiente", "La Triple A, no hace nada, solo se lleva la basura", "A veces es mejor entregárselo a un reciclador, que si lo aprovecha".

Frases que demuestran la percepción sobre los entes encargados de realizar y vigilar una gestión adecuada; además de la falta de comunicación hacía las personas, pues la A.A. no genera informes de generación de RESPEL de la ciudad.

Tabla 14. Estimación de la percepción sobre el manejo de RESPEL en Barranquilla

VALOR	PORCENTAJE	IC 95%	
SI	8%	6%	11%
NO	84%	80%	88%
NO SE	7%	4%	9%
NO ME INTERESA	0,5%	0,0%	1,3%

Fuente: Autor

Sobre el conocimiento de receptores o instalaciones autorizados en Barranquilla para la disposición de ciertos tipos de RESPEL, alrededor del 70% de los encuestados manifiestan que desconocen los establecimientos dedicados a recibir este tipo de residuos; solo un 26% mencionó tener conocimiento acerca de estos sitios, tal como se observa en la tabla 16. Este porcentaje que respondió si conocer instalaciones, se referían a ciertos centros comerciales donde se pueden llevar RAEE.

En Colombia ciudades como Bogotá y Medellín, han lanzado diferentes campañas donde se busca informarle al usuario los sitios de recolección de residuos peligrosos y RAEE, en el caso de Bogotá se encuentra la campaña "ECOLECTA", mediante el cual, la secretaría de Medio Ambiente busca promover la entrega de estos residuos sin ningún costo para el consumidor, para hacer pública esta campaña, en su página web presentan los lugares de disposición con direcciones exactas; Medellín, en su caso lanzo una cartilla "Concientízate: Buenas Prácticas Ambientales En El Manejo De Residuos De Aparatos Eléctricos Y

Electrónicos", mediante el cual le informa a la población las características de los RAEE y los aspectos a tener en cuenta para su disposición final.

En otros países, como es el caso de España, la disposición de estos residuos se encuentra más organizada, para la recolección de RAEE, por ejemplo, han creado instalaciones para el almacenamiento y envío de los mismos a los destinos más convenientes de acuerdo a lo que marca la normativa de gestión de residuos vigente, tal es el caso de Barcelona, donde existos diferentes tipos de instalaciones, tales como: puntos verdes de zona o deixalleries, puntos verdes de barrio, puntos verdes móviles, puntos verdes colaboradores, entre otros; en Japón son los fabricantes quienes deben realizar las campañas donde informen los puntos de recolección (Velasco, 2008), a diferencia de Colombia e incluso España que es el gobierno el encargado de hacerlo.

Tabla 15. Conocimiento de instalaciones autorizadas para recibir RESPEL

VALOR	PORCENTAJE	IC 95%	
SI	26%	22%	30%
NO	68%	63%	73%
NO SE	6%	4%	9%
NO ME INTERESA	0.3%	0.0%	0.8%

Fuente: Autor

Con el objetivo de establecer si las personas tienen conocimiento sobre lo que es un RESPEL, se les pregunto mediante un listado de opciones (ANEXO E) que productos generaban en la casa y a su vez tenían que establecer, si ellos creían que poseía alguna característica de peligrosidad como: corrosivo, inflamable, tóxico, radioactivo, explosivo, reactivo e infeccioso. Para validar la respuesta, se dejó dentro del listado cuatro opciones que no son RESPEL (residuos de frutas y verduras, de cajas de cartón, envases de gaseosa y envases de conservas y salsas) que mostraron los resultados expuestos en la tabla 17.

Se puede observar que para el caso de Residuos de frutas y verduras un 75% de la población lo identificaron como residuo no peligroso, sin embargo, el 25% lo consideró RESPEL; similar ocurrió con los residuos de cajas de cartón y envases de conservas y salsas donde un 83%-84%, de la población lo consideró como Residuo no peligroso, estos resultados se pueden atribuir a que mientras ellos realizaban las encuestas y al ver la opción tóxico, pensaban que residuos como frutas y verduras se consumían podrían generar una intoxicación.

Ahora bien, no solo se realizó el análisis individual de cada residuo, también se calculó el porcentaje de la población encuestada que seleccionó alguno de los cuatro residuos como peligrosos, encontrándose que un 40% de la población, los considera con alguna característica de peligrosidad, lo que puede demostrar la falta de conocimiento en el concepto de lo que es un RESPEL y un residuo ordinario (orgánico/inorgánico), estos resultados concuerdan con lo descrito por Al-Khatib, et al., (2015), en su análisis de la percepción pública, sobre la peligrosidad generada por el manejo actual de los residuos sólidos municipales en Palestina, en el cual establecieron que el 51% de la población encuestada no reconoce un RESPEL, comparado con el 48.6% que dice si reconocerlo, además Zeng, et al., (2016) en su estudio sobre percepción y manejo de residuos sólidos, con énfasis en el sector rural, encontró que en los procesos de reciclaje de residuos, se mezclaban los peligrosos con los ordinarios, ya que la población no tenía un conocimiento claro sobre el concepto e identificación de RESPEL.

Tabla 16. Validación de concepto RESPEL

RESIDUOS NO PELIGROSOS	SI CONSIDERAN RESPEL	NO CONSIDERAN RESPEL	IC 95% PARA SI	
RESIDUOS DE FRUTAS Y VERDURAS	25%	75%	21%	29%
RESIDUOS DE CAJAS DE CARTON	17%	83%	13%	21%
ENVASES DE GASEOSAS	24%	76%	20%	28%
ENVASES DE CONSERVAS Y SALSAS	16%	84%	12%	20%
ALGUN RESIDUO SELECCIONADO	40%	60%	35%	45%

Fuente: Autor

Con los residuos de la lista que si son peligrosos, se realizó una caracterización con respecto a la generación e identificación de característica de peligrosidad, de acuerdo a lo señalado por la población en las encuestas, para esto se agruparon en tres categorías, tal como se observa en la tabla 18:

Tabla 17. Categorización sobre las opciones de generación de residuos

No genera el residuo	1
Genera, pero no identifica característica de peligrosidad	2
Genera e identifica característica de peligrosidad	3

Fuente: Autor

Teniendo en cuenta estas tres categorías, se realizó un análisis multivariado, agrupando los residuos en tres grupos A,B y C (Tabla 19), los envases de detergentes y desinfectantes fueron agrupados en un solo grupo (A), ya que presentaron el mayor porcentaje de residuos generados e identificados como peligrosos por la población, en el grupo B, se agruparon residuos que según el mayor porcentaje de las personas encuestadas no genera en sus casas, además, este grupo se encuentra conformado por la mayor cantidad de residuos (12 de 23 en total de la lista), por último el grupo C, cuenta con residuos que muestran un comportamiento similar al grupo A, pero la proporción de generación cambió encontrándose menor porcentaje en la no generación de residuos, esta información puede verse en la Tabla 19, figura 25.

Según Inglezakis (2015), en países como Bélgica, Holanda y Nueva Zelanda los RPD, que más se recolectan son los correspondientes a envases de pintura, aceite y baterías, que en esta investigación quedaron agrupados en el Conglomerado B, donde la opción con mayor porcentaje de respuesta fue la de no generarlos.

En Japón por lo contrario son las baterías las que representan el 50% de RPD recolectados, mientras que para Barranquilla representan solo el 12% de generación e identificación como peligroso, como se puede observar, el comportamiento no es igual en muchos países, por lo que establecer un porcentaje de generación y que sea acorde a nivel mundial, es algo que no se puede hacer, ya que cada país tiene regulaciones y categorizaciones de los RESPEL diferentes y esto puede afectar el porcentaje de generación por país.

Tabla 18.Análisis generación de RPD en Barranquilla

RESIDUO	76	Categorías	Conglomera

Generación de residuos peligrosos en Barranquilla Años 2019-2014

	1	2	3	
Envases de detergentes y blanqueadores	15 %	23 %	61 %	A
Envases de desinfectantes	22 %	27 %	51 %	A
	19 %	**25 %**	**56 %**	
Resultantes de atención medica	75 %	4%	21 %	B
Envases contaminados con sustancias químicas	79 %	5%	16 %	B
Cilindro de gas	91 %	4%	6%	B
Tóner de impresora	80 %	9%	11 %	B
Ceras	82 %	8%	9%	B
Envases de aceites lubricantes, antioxidantes y anticorrosivo	77 %	5%	18 %	B
Baterías de carro usada	83 %	5%	12 %	B
Envases contaminados con combustible	82 %	4%	13 %	B
Envases de líquidos para frenos y transmisión	86 %	5%	9%	B
Radiografías usadas	80 %	10 %	10 %	B
Extintor gastado	90 %	3%	7%	B
Limpiador de productos eléctricos	85 %	9%	6%	B
	82 %	**6%**	**12 %**	
Esmaltes	61 %	12 %	27 %	C
Medicinas vencidas	61 %	12 %	27 %	C
Pilas y acumuladores eléctricos gastados	50 %	13 %	37 %	C
Productos de aseo y limpieza de muebles	51 %	24 %	25 %	C
Aparatos eléctricos y electrónicos	54 %	21 %	25 %	C

	61 %	11 %	28 %	
Envases de insecticidas y plaguicidas	61 %	11 %	28 %	C
Lámparas y bombillos vencidos	55 %	22 %	23 %	C
Trapos y estopas contaminados	69 %	14 %	18 %	C
Batería de celular	48 %	15 %	37 %	C
	57 %	16 %	27 %	

Fuente: Autor

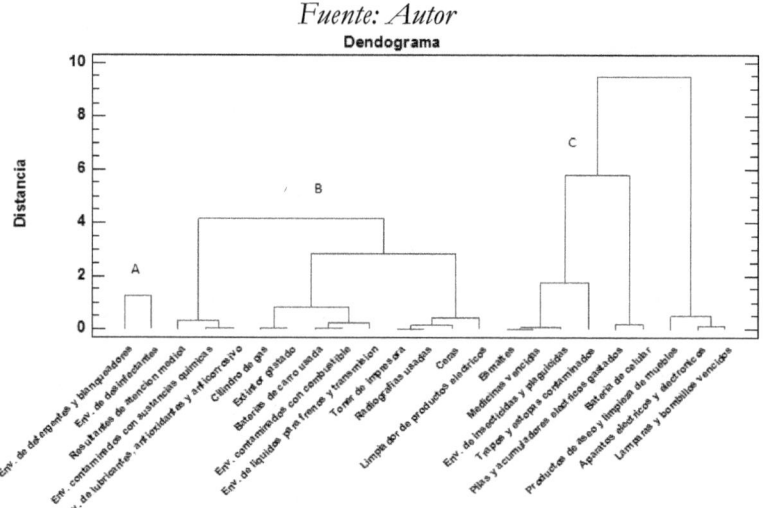

Figura 25. Dendograma RESPEL. Fuente: Autor

En la tabla 19, se puede observar cómo se dividen porcentualmente los residuos por categoría, en la número 1, que corresponde a la de no generación un gran porcentaje de la población (56%), genera y reconoce alguna característica de peligrosidad de los RESPEL correspondientes a envases de detergentes, blanqueadores y desinfectantes mientras que solo un 25% genera, más no lo identifica como peligroso, esto puede deberse a lo expuesto anteriormente, sobre la falta de un concepto claro sobre residuos peligroso y la falta de sensibilización sobre las personas en la identificación y manejo de estos residuos.

En cuanto a residuos como: Resultantes de atención médica, envases contaminados con sustancias químicas, cilindro de gas, tóner de impresora, ceras, envases de aceites lubricantes, antioxidantes y anticorrosivo, baterías de carro usada, envases contaminados con combustible, envases de líquidos para frenos y transmisión, radiografías usadas, extintor gastado y limpiador de productos eléctricos, cerca del 82% de la población dijo que no generaban, mientras que el 6% lo generan más no lo identificaron como peligroso y solo el 12% dijo que eran RESPEL, esto puede atribuirse al consumo de las personas, existen casos que son de menor estrato (1 y 2), en los cuales, los RPD relacionados con mantenimiento de vehículos no se generan porque no poseen vehículos.

Residuos como: esmaltes, medicinas vencidas, pilas y acumuladores eléctricos gastados, productos de aseo y limpieza de muebles, aparatos eléctricos y electrónicos, envases de insecticidas y plaguicidas, lámparas y bombillos vencidos, trapos contaminados y batería de celular más de la mitad de la población (57%) dijo que no los generaba, sin embargo el 43% señaló que si los generaba, de los cuales el 27%, los considero con alguna característica de peligrosidad y el 16% no los consideró peligrosos, como se puede observar, estos residuos son más comunes que los mencionados en la lista anterior y por ser sustancias químicas las personas las relacionaron con mayor peligrosidad, por esto es que el porcentaje de personas que reconocieron generarlo y que los consideraba peligrosos fue mayor.

Como se puede observar en la tabla 19, no se considera como peligroso residuos nombrados anteriormente, lo que puede ser debido al desconocimiento sobre el concepto de estos, ahora bien, de manera general cabe resaltar que dentro de los residuos con mayor porcentaje de generación y considerado como peligroso se encuentran los envases de detergentes, seguido de los de batería de celular y pilas y acumuladores eléctricos, aunque esta última junto con los RAEE las personas consideran que no los generan en el interior de sus hogares y peor aún, no los consideran peligrosos (27%).

Otro dato que cabe la pena resaltar, es sobre la generación de residuos de bombillas, lámparas y envases para limpieza de muebles, que en un 50% lo generaban pero de estos solo la mitad lo consideraban peligroso; estos resultados pueden verse influenciados por estrato social, cuyos análisis se muestran más adelante.

Lo anterior concuerda con lo establecido por Inglezakis (2014), en su revisión sobre el manejo de los RPD, donde refiere que países como Canadá, Reino Unido, Nueva Zelanda y México han identificado como residuos peligrosos domiciliarios: pinturas, pesticidas, aceite usado, baterías de automóviles, baterías, lámparas fluorescentes, solventes, filtros de aceite, fertilizantes, sustancias químicas, productos de limpieza, medicinas vencidas, cuidado de la salud, envases y sustancias para el mantenimiento de hogares, esto lo han logrado establecer, gracias a los mecanismos de recolección y clasificación en estos países, pues los diferentes gobiernos han implementado estrategias de educación ambiental y de divulgación para que la población se concientice sobre el impacto de estos residuos y la importancia de realizar una clasificación adecuada.

16. Relación entre Estrato y manejo acrual de RPD

Para establecer la relación sobre el manejo de RPD por estrato, se cruzaron los resultados obtenidos de los residuos generados, a los cuales, se les identificaron peligrosidad y residuos generados que no se les identificó alguna característica de peligrosidad por estrato, con el fin de obtener la proporción de escogencia por residuo, tal como se observa en la Tabla 20.

Tabla 19. Generación de residuos por estrato socioeconómico

Residuo	Estrato 1	Estrato 2	Estrato 3	Estrato 4	Estrato 5	Estrato 6
Envases de detergentes y blanqueadores	86%	83%	86%	83%	88%	90%
Envases de desinfectantes	79%	76%	77%	75%	90%	88%
Resultantes de atención medica	27%	22%	35%	30%	14%	32%
Envases contaminados con sustancias químicas	21%	21%	24%	14%	27%	34%
Cilindro de gas	8%	10%	9%	10%	24%	15%
Tóner de impresora	20%	14%	26%	19%	43%	29%
Ceras	9%	22%	29%	14%	45%	44%
Envases de aceites lubricantes, antioxidantes y anticorrosivo	26%	20%	24%	22%	29%	27%
Baterías de carro usada	12%	15%	12%	11%	49%	44%
Envases contaminados con combustible	15%	17%	14%	14%	35%	37%
Envases de líquidos para frenos y transmisión	11%	9%	14%	11%	29%	41%
Radiografías usadas	12%	23%	35%	22%	31%	15%
Extintor gastado	2%	15%	6%	8%	33%	17%
Limpiador de productos eléctricos	12%	17%	18%	13%	20%	20%

Generación de residuos peligrosos en Barranquilla Años 2019-2014

Esmaltes	36%	46%	48%	48%	29%	22%
Medicinas vencidas	33%	46%	39%	40%	49%	29%
Pilas y acumuladores eléctricos gastados	47%	52%	41%	46%	59%	44%
Productos de aseo y limpieza de muebles	36%	51%	56%	54%	51%	49%
Aparatos eléctricos y electrónicos	41%	48%	49%	43%	43%	46%
Envases de insecticidas y plaguicidas	39%	46%	40%	37%	37%	22%
Lámparas y bombillos vencidos	42%	49%	53%	46%	43%	37%
Trapos y estopas contaminados	27%	33%	35%	35%	59%	37%
Batería de celular	58%	51%	49%	40%	59%	44%

Fuente: Autor

En cuanto a generación de RESPEL entre los seis estratos, se puede decir que los residuos con mayor unidad de generación fueron envases de detergentes, blanqueadores y desinfectantes, con porcentajes superiores al 70%, seguido de baterías de celular y acumuladores eléctricos gastados, con porcentajes entre el 40 y 60%.

Residuos relacionados con mantenimiento o tenencia de vehículos, tales como: ceras, envases de aceites lubricantes, antioxidantes, anticorrosivo, baterías de carro usada, envases contaminados con combustible, envases de líquidos para frenos y transmisión presentaron mayor proporción en los estratos 5 y 6 con valores entre el 30 y 40%, mientras que para los estratos 1,2 y 3 tuvieron registros del 10% y solo los envases de lubricantes un porcentaje mayor al 20%, estos resultados se relacionan con la generación de trapos o estopas contaminados, donde el estrato 5 y 6 presentó un mayor rango de identificación, esto, posiblemente se deba al poder adquisitivo y número de vehículos, ya que estos estratos pueden tener más de uno por casa, disponiéndolos todos como un residuo ordinario.

La generación de RAEE, fue muy similar en todos los estratos, obteniéndose registros superiores al 40%. Para el caso de plaguicidas el porcentaje de personas que dicen generarlo es menor en el estrato 6 y mayor en el estrato 2 y 3 donde superan el 40%.

En cuanto a los residuos de esmaltes, los estratos 2, 3 y 4 presentan los mayores valores con el 46% y 48%, mientras que los estratos 5 y 6 tiene una menor proporción con 29% y 22% respectivamente. Los residuos con menor generación fueron: cilindros de gas y extintores gastados que no superaron el 15% promedio en todos los estratos.

Se realizó la prueba de chi-cuadrada para comparación de proporciones, con el fin de determinar si existían diferencias significativas entre los estratos, encontrándose que a nivel general el estrato no tiene un efecto sobre la generación de Residuos peligrosos, contrario a lo descrito por Ojeda (1999); Consoni (2002) y Buenrostro e Israde (2003) que establecen que el nivel socioeconómico, puede determinar la capacidad de compra de productos de limpieza y mantenimiento del hogar y por lo tanto tener un efecto en la generación de residuos relacionados a estos, estos resultados diferentes, pueden atribuirse a lo expuesto por Inglezakis (2015), donde en su revisión de manejo de RPD en 20 países europeos, Estados Unidos, México, Canadá, Japón, India, Pakistan, Hong-Kong y Nepal entre los años 1992-2013, concluyo que el comportamiento y generación de estos residuos, nunca va a ser igual, ni en países del mismo continente, pues el marco legislativo, clasificación de residuos y capacidad de consumo, son variables entre países.

Ahora bien, además de realizarse un análisis de manera general sobre la generación de RESPEL, se separó la población entre las personas que generan e identifican peligrosidad (Tabla 21) y las que generan pero no identifican característica de peligrosidad (Tabla 23).

En la tabla 21, se puede observar diferencias en el comportamiento de estos residuos, tal es el caso de los residuos de envases de detergentes, blanqueadores y desinfectantes, donde los estratos 5 y 6, tuvieron una mayor identificación de RESPEL con un 80% y 70% respectivamente, este mismo comportamiento lo presentan los residuos contaminados con sustancias químicas que tiene un 32% de identificación como peligroso.

Los residuos relacionados con el mantenimiento de vehículos, presentaron de manera general una mayor generación en los estratos 5 y 6, en la identificación de estos como peligrosos, con una representación de 43% y 39% frente a un 6%, 8%, 9% y 9% correspondiente a los estratos 1,2,3 y 4 para baterías usada. En el caso de los residuos de ceras, la proporción de identificación para los estratos 5 y 6 fue superior con 35% y 26% de representatividad, en comparación con los otros cuatro estratos que no superaron un 11%, en su identificación como peligroso.

El estrato 5, tuvo un mayor porcentaje de generación e identificación como RESPEL sobre residuos de medicinas vencidas y radiografías, pilas y acumuladores eléctricos gastados con un 55% de escogencia y baterías de celular con 3% de representatividad.

La prueba chi-cuadrada, mostro diferencias significativas para los residuos de envases de desinfectantes (R2) con p-valor 0.0066, resultantes de atención médica (R3) con p-valor 0.0300, envases contaminados con sustancias químicas (R4) con p-valor 0.0169, ceras (R7) con p-valor 0.0007, baterías de carro usada (R10) con p-valor 0.000, envases contaminados con combustible (R11) con p-valor 0.0074, envases de líquidos para frenos y transmisión (R12) con p-valor 0.000, productos de aseo y limpieza de muebles (R16) con p-valor 0.0146., lo que demuestra que para estos residuos, el estrato si tiene una influencia sobre su generación, es por esto, que se calcularon intervalos de confianza para poder establecer cuales son específicamente los estratos que pueden tener una diferencia significativa sobre la generación e identificación de los residuos como peligrosos (Tabla 22)

Tabla 20. Generación de residuos identificando característica de peligrosidad por estrato socioeconómico

Residuo	Estrato 1	Estrato 2	Estrato 3	Estrato 4	Estrato 5	Estrato 6
Envases de detergentes y blanqueadores	61%	57%	62%	62%	84%	76%
Envases de desinfectantes	48%	45%	53%	56%	80%	71%
Resultantes de atención medica	26%	15%	29%	29%	12%	29%
Envases contaminados con sustancias químicas	15%	16%	22%	8%	24%	32%
Cilindro de gas	6%	3%	6%	5%	22%	15%
Tóner de impresora	8%	9%	12%	10%	35%	22%
Ceras	5%	11%	11%	5%	35%	29%
Esmaltes	27%	29%	28%	29%	27%	12%
Envases de aceites lubricantes,antioxidantes y anticorrosivo	18%	15%	19%	19%	29%	22%
Baterías de carro usada	6%	9%	9%	8%	43%	39%
Envases contaminados con combustible	11%	12%	9%	10%	31%	32%

Envases de líquidos para frenos y transmisión	6%	4%	9%	6%	24%	37%
Medicinas vencidas	21%	30%	26%	32%	43%	22%
Radiografías usadas	5%	12%	13%	11%	20%	5%
Pilas y acumuladores eléctricos gastados	33%	38%	27%	33%	55%	39%
Productos de aseo y limpieza de muebles	11%	28%	29%	30%	33%	37%
Aparatos eléctricos y electrónicos	20%	25%	25%	24%	33%	29%
Extintor gastado	0%	9%	4%	5%	29%	12%
Envases de insecticidas y plaguicidas	23%	33%	27%	27%	31%	22%
Lámparas y bombillos vencidos	20%	25%	27%	30%	31%	22%
Limpiador de productos eléctricos	2%	8%	4%	10%	16%	12%
Trapos y estopas contaminados	14%	16%	14%	19%	45%	29%
Batería de celular	38%	36%	32%	29%	53%	37%

Fuente: Autor

Los residuos que no se nombraron anteriormente, no mostraron diferencias significativas con un p-valor >0,05 (ANEXO I.1), lo que demuestra que el estrato no influye sobre la generación e identificación de peligrosidad sobre estos.

Tabla 21. Distribución a partir de IC de la generación de residuos e identificación de características de peligrosidad por estrato socioeconómico

Estrato	IC R2	IC R3	IC R4	IC R7	IC R10	IC R11	IC R12	IC R16
1	0.35 a 0.60	0.16 a 0.38	0.07 a 0.25	0.011 a 0.13	0.016 a 0.14	0.046 a 0.21	0.016 a 0.14	0.04 a 0.21
2	0.36 a 0.53	0.09 a 0.22	0.10 a 0.23	0.06 a 0.17	0.048 a 0.15	0.07 a 0.18	0.014 a 0.087	0.20 a 0.36
3	0.44 a 0.61	0.21 a 0.37	0.15 a 0.29	0.06 a 0.17	0.048 a 0.15	0.048 a	0.048 a	0.21 a

						0.15	0.15	0.3 7
4	0.43 a 0.68	0.18 a 0.41	0.02 a 0.17	0.01 a 0.13	0.026 a 0.17	0.03 8 a 0.20	0.01 5 a 0.15	0.1 9 a 0.4 2
5	0.56 a 0.83	0.23 a 0.52	0.03 a 0.22	0.01 a 0.16	0.032 a 0.22	0.04 4 a 0.24	0.02 1 a 0.19	0.2 5 a 0.5 3
6	0.54 a 0.84	0.16 a 0.42	0.18 a 0.48	0.16 a 0.45	0.24 a 0.55	0.18 a 0.48	0.22 a 0.53	0.2 2 a 0.5 3

Fuente: Autor

Se puede observar, que en lo referente a los residuos de envases de desinfectantes (R2) los estratos 5 y 6 son estadísticamente diferentes al estrato 2, lo mismo ocurre con los residuos de atención médica (R3), donde el estrato 5 mostro diferencias con respecto al estrato 2, en cuanto a envases contaminados con sustancias químicas (R4). El estrato 6 mostró diferencias con respecto al 4, esta misma diferencia con el estrato 6 se dio para los R7, R10 y R12, el R10 que corresponde a baterías de carro usada, mostró un comportamiento similar con el R12 que son envases de líquidos para frenos y transmisión donde la diferencia estuvo en el estrato 6 con respecto a todos los demás estratos.

Lo que concuerda con lo mencionado anteriormente sobre los porcentajes de generación e identificación de RESPEL, con respecto al R16-residuos de productos de aseo y limpieza de muebles, se aprecia que la diferencia estuvo entre los estratos 5 y 6 con respecto al estrato 1. Estos valores, lo que señalan es que en el estrato seis hubo una mayor generación e identificación de estos residuos con respecto a los otros estratos, lo que puede ser atribuido a nivel de escolaridad e ingreso económico. En la tabla 23, se presenta la distribución porcentual de la generación de RPD por estrato socioeconómico, que no fueron identificados como peligrosos por la población encuestada.

Tabla 22. Generación de residuos sin identificar peligrosidad por estrato socioeconómico

Residuo	Estra to 1	Estra to 2	Estra to 3	Estra to 4	Estra to 5	Estra to 6
Envases de detergentes y blanqueadores	26%	26%	24%	21%	4%	15%
Envases de desinfectantes	30%	31%	24%	19%	10%	17%

Generación de residuos peligrosos en Barranquilla Años 2019-2014

Resultantes de atención medica	2%	7%	6%	2%	2%	2%
Envases contaminados con sustancias químicas	6%	5%	2%	6%	2%	2%
Cilindro de gas	2%	7%	3%	5%	2%	0%
Tóner de impresora	12%	6%	14%	10%	8%	7%
Ceras	5%	12%	18%	10%	10%	15%
Esmaltes	9%	17%	20%	19%	2%	10%
Envases de aceites lubricantes. antioxidantes y anticorrosivo	8%	4%	5%	3%	0%	5%
Baterías de carro usada	6%	7%	3%	3%	6%	5%
Envases contaminados con combustible	5%	4%	4%	5%	4%	5%
Envases de líquidos para frenos y transmisión	5%	5%	6%	5%	4%	5%
Medicinas vencidas	12%	16%	13%	8%	6%	7%
Radiografías usadas	8%	11%	22%	11%	10%	10%
Pilas y acumuladores eléctricos gastados	14%	14%	14%	13%	4%	5%
Productos de aseo y limpieza de muebles	26%	23%	27%	24%	18%	12%
Aparatos eléctricos y electrónicos	21%	22%	24%	19%	10%	17%
Extintor gastado	2%	6%	1%	3%	4%	5%
Envases de insecticidas y plaguicidas	17%	12%	13%	10%	6%	0%
Lámparas y bombillos vencidos	23%	24%	26%	16%	12%	15%
Limpiador de productos eléctricos	11%	9%	14%	3%	4%	7%
Trapos y estopas contaminados	14%	17%	20%	16%	14%	7%
Batería de celular	20%	15%	17%	11%	6%	7%

Fuente: Autor

Para determinar si existen diferencias significativas entre cada residuo por estrato, se realizó una prueba Chi-Cuadrada, la cual arrojó solo diferencias significativa para los siguientes residuos: R1-Envases de detergentes y blanqueadores (p-valor 0.0255), R2- envases de desinfectantes (p-valor 0.0324), R3 esmaltes (p-valor 0.022) y R4-radiografías usadas (p-valor 0.03), en la generación de los demás residuos no hubo diferencias significativas pues la prueba arrojo un p-valor > 0.05 (ANEXO I.2), lo anterior, indica que solo hubo influencia del estrato sobre la generación de estos residuos, que no son identificados como peligrosos

Una vez, determinado que existía una diferencia significativa entre los estratos sobre esos residuos, se realizaron intervalos de confianza, para poder establecer cuales son específicamente los estratos que pueden tener una diferencia significativa (tabla 24).

Como se pude observar en la tabla anterior, los estratos que presentaron diferencias para el R1 y R2 son el 2 y el 5; para el R8, se observó una relación entre los estratos 2 y 3, que a su vez, son diferentes al estrato 5 que presento valores mucho menores, en otras palabras genera menos residuos que el estrato 2 y 3.

Tabla 23. Distribución a partir de IC de la generación de residuos sin identificación de características de peligrosidad por estrato socioeconómico

Estrato	IC R1	IC R2	IC R8	IC R14
1	0.16 y 0.38	0.19 y 0.42	0.03 y 0.18	0.03 y 0.17
2	0.19 y 0.34	0.23 y 0.39	0.11 y 0.24	0.06 y 0.17
3	0.17 y 0.32	0.17 y 0.32	0.13 y 0.27	0.15 y 0.29
4	0.11 y 0.33	0.10 y 0.30	0.10 y 0.31	0.04 y 0.21
5	0.004 y 0.14	0.032 y 0.22	0.00047 y 0.11	0.033 y 0.22
6	0.06 y 0.29	0.071 y 0.32	0.028 y 0.23	0.03 y 0.23

Fuente: Autor

En cuanto a los residuos correspondientes a la generación de radiografías, no existen diferencias significativas, pues los intervalos se traslapan entre ellos, por ende no se puede concluir que el estrato tenga una incidencia especial sobre la generación de este residuo.

Analizando esta información con la tabla 23, se puede decir que esto se debe a que en el estrato 2 fue mayor el porcentaje de personas que generaron el residuo y no identificaron su peligrosidad con un aproximado de 30%, mientras que en el estrato 5 solo un 7% promedio lo genero y no identifico su peligrosidad.

En cuanto al R8 que corresponde a esmaltes, la proporción de población que establece generar estos RESPEL, pero que no los considera peligrosos se encuentran en el estrato 2 y 3 con un 17% y 20% respectivamente, a diferencia del estrato 5 y 6 que solo el 2% y 10% dijo que lo generaban esto puede deberse a diferentes factores, tales como la población encuestada, ya que en estrato 3 el 54% correspondía a mujeres, mientras que para los estratos 5 y 6 los hombres representaron el 62% y 53% respectivamente.

Las Radiografías usadas (R14), presentan un comportamiento similar en todos los estratos excepto para el 3 que tiene el mayor porcentaje de la población (20%) que dice que lo genera mas no lo considera peligroso. Ahora bien, aunque muchos de los residuos estadísticamente no presentaron diferencias significativas (ANEXO I.2), si presentaron un comportamiento diferente con respecto al estrato. Tal es el caso de los residuos de atención médica y de envases contaminados con sustancias químicas, donde los estratos 2 y 3 tuvieron un mayor porcentaje de generación, más no lo identificaron como peligroso, en los tóner de impresora, fue el estrato 3 el que tuvo mayor porcentaje de generación sin considerarlo peligroso, las razones que se encontraron en campo, para estos resultados, es que ellos no sabía que un cartucho o tóner pudiese presentar algún peligro o que fuera un RPD.

En cuanto a los residuos relacionados a una actividad mecánica o de mantenimiento que son los envases de aceites lubricantes, antioxidantes, baterías de carro usada, envases contaminados con combustible y envases de líquidos para frenos y transmisión, se mantiene una proporción similar en todos los estratos que no sobrepasan el 8%, a diferencia, de los que establecieron que estos residuos si eran peligrosos, cuyo porcentaje fue mayor en el estrato 5 y 6.

En relación a las pilas y acumuladores eléctricos gastados, el porcentaje de personas en estrato 5 y 6 que establecieron que los generaban pero que no los consideraban peligrosos fueron los más bajos con un 4 y 5%. En cuanto a los RAEE y residuos de batería de celular, los estratos 1,2 y 3 tuvieron un mayor porcentaje de residuos generados, a diferencia de los estratos 5 y 6 que solo tuvieron una representatividad de 10 y 17%, contrario a lo mostrado en el análisis de generación e identificación de peligrosidad, donde los estratos con mayor proporción fueron el 5 y 6, , en México la situación no es muy diferente, pues el nivel de generación de estos residuos es alto para los niveles socioeconómicos altos y medio con un 86% y 14% de generación (Sotela, s.f)

Residuos como cilindros de gas, extintores gastados, limpiador de productos eléctricos y los resultantes de atención medica presentaron en todos los estratos una baja proporción con valores menores del 10%, las lámparas y bombillos vencidos en los estratos 1, 2 y 3 el porcentaje de generación fue de 23, 24 y 26%, mientras que en estrato 4,5 y 6 estuvo entre 16%, 12% y 15% un poco menor que los otros estratos.

Capítulo IV: Percepción del manejo de RPD en la ciudad de Barranquilla de acuerdo al estrato socioeconómico

17. Relación entre estrato y conocimiento sobre la clasificación, almacenamiento y disposición de residuos

Los análisis de comportamiento de RESPEL, se han estudiado de acuerdo a su fuente de generación, separándolos en Industriales-Hospitalarios y Domésticos, investigaciones relacionadas se muestran en la Tabla 2:

Con el fin de establecer si existen diferencias significativas entre las proporciones analizadas por estrato y el conocimiento sobre la clasificación, almacenamiento y disposición de residuos, se realizó una prueba de chi-cuadrada para cada una de las opciones de respuesta (ANEXO J.1).

Las opciones NO SÉ y NO ME INTERESA, no presentaron diferencias significativas con un p-valor de 0.3787, por lo tanto, el estrato no tiene influencia sobre estas opciones de respuesta; para las opciones NO y Si, se presentaron diferencias significativas con p-valor $=0.0016$ y 0.000 respectivamente, demostrándose que el estrato tiene influencia sobre estas dos opciones de respuesta.

Para determinar cuáles son los estratos de mayor influencia, se realizaron intervalos de confianza del 95% y de esta manera a partir de la comparación de los intervalos concluir cual es el estrato de mayor influencia.

El estrato seis presento diferencias respecto a los otros estratos, con mayor proporción de personas que establecen que los residuos se almacenan y disponen de la misma forma, mientras que para las personas

89

que establecieron que NO se hace igual, se observa diferencias estadísticamente significativas entre el estrato tres con respecto a los estratos 5 y 6, tal como se puede apreciar en la tabla 25.

Tabla 24. Distribución a partir de IC para validar el conocimiento de la clasificación, almacenamiento y disposición de los residuos por estrato socioeconómico

ESTRATO	Prop. Si	IC 95%	Prop. No	IC 95%
1	0.24	0.14 a 0.36	0.74	0.61 a 0.84
2	0.25	0.18 a 0.33	0.73	0.64 a 0.80
3	0.18	0.12 a 0.25	0.8	0.72 a 0.86
4	0.21	0.11 a 0.33	0.76	0.63 a 0.85
5	0.34	0.20 a 0.49	0.55	0.39 a 0.69
6	0.66	0.48 a 0.81	0.51	0.33 a 0.68

Fuente: Autor

18. Relación entre estrato y clasificación de residuos entre orgánicos e inorgánicos

Al igual que en los puntos anteriores, se realizó una prueba de chi-cuadrada, donde las opciones SI y NO, presentaros diferencias significativas con p-valor 0.0002 y 0.0001 respectivamente, las opciones NO SE y NO INTERESA no mostraron diferencias significativas con p-valor de 0.4094 y 0.8193 respectivamente, tal como se observa en la tabla 26.

Tabla 25. Distribución a partir de IC para validar el conocimiento de la separación de residuos en orgánicos e inorgánicos por estrato socioeconómico

ESTRATO	Prop. Si	IC 95%	Prop. No	IC 95%
1	0.57	0.44 a 0.70	0.40	0.27 a 0.53
2	0.49	0.40 a 0.57	0.49	0.40 a 0.57
3	0.45	0.36 a 0.56	0.52	0.43 a 0.60
4	0.51	0.38 a 0.63	0.48	0.35 a 0.60
5	0.73	0.58 a 0.84	0.21	0.10 a 0.35
6	0.80	0.64 a 0.90	0.20	0.09 a 0.35

Fuente: Autor

En la tabla 26, se puede observar que existen diferencias significativas para la opción SI entre los estratos 5 y 6 con respecto al estrato 2 y 3, a su vez, estos estratos guardan relación entre sí. En cuanto a la opción NO, se puede observar el mismo comportamiento, ya que los estratos 5 y 6 muestran diferencias en proporción a los estratos 2, 3 y 4. (ANEXO J.2).

19. Frecuencia de generación de RAEE por estrato

Para determinar la frecuencia de generación de los RAEE por estrato, se realizaron análisis estadísticos para cada residuo, con el fin de establecer si existe una incidencia del estrato sobre la frecuencia de generación de estos, en los casos donde los datos presentaron normalidad e igualdad de varianza se aplicó ANOVA, pero en los datos donde no cumplió con los supuestos del ANOVA, se aplicó el test de kruskal-wallis, en este último caso, con el fin de llegar a establecer los estratos que presentaran diferencia, se analizó mediante gráfica de caja y bigotes para comparación de medianas, donde se debe comparar las muescas sobre la mediana, esto se hizo utilizando el software Statgraphics versión XVI.

➢ Celulares

Se realizó una prueba de kruskal-wallis, obteniéndose un P-valor = 0.00507914, lo que indica que existen diferencias significativas entre los estratos sobre la frecuencia de generación de este residuo, para determinar cuáles son los estratos con estas diferencias se utilizó el gráfico de caja y bigotes para comparación de medianas (Figura 26), se generaron las muescas sobre la mediana que corresponden a una similitud del intervalo de confianza y es mediante esta que se realiza la comparación de las medianas de la población.

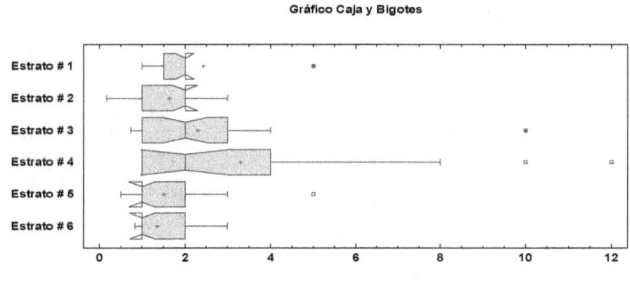

Frecuencia de Generación (años)

Figura 26. Gráfico de Caja y Bigotes para frecuencia de cambio de celulares por estrato. Fuente: Autor

Como se puede observar en la gráfica, los estratos 1, 2 y 3 son significativamente mayores y diferentes a los estratos 5 y 6 que tienen las muescas hacía el lado izquierdo y son menores de dos años, lo que quiere decir que la frecuencia de cambio de celular es mayor en estos últimos dos estratos, evento reflejado en análisis anteriores, donde se muestra que la frecuencia de generación para este residuo es mayor en los estratos altos.

➢ Licuadoras, microondas e impresoras

La prueba de Kruskal-Wallis, para conocer si existe una influencia del estrato sobre la generación de residuos de licuadoras, microondas e impresoras, mostro que no existen diferencias significativas entre los estratos, con un P-valor= 0.605303, 0.543161 y 0.823186 respectivamente, para que existan diferencias el p-valor debe ser menor de 0.05 (ANEXO J.3).

Según lo establecido en el informe de la universidad de las Naciones Unidas "e-Waste en América Latina" (2015), estos equipos hacen parte de los más generados a nivel de Latinoamérica, pero no hacen una caracterización a nivel socioeconómico.

➢ Aspiradoras

Para establecer si existe una influencia del estrato sobre la generación de residuos de aspiradoras, se realizó un análisis de varianza-ANOVA (Tabla 27), ya que los datos cumplieron con los supuestos asociados a esta técnica de comparación (normalidad, independencia y homoscedasticidad de varianza) (Anexo J.3), obteniéndose que no existen diferencias significativas, con p-valor >0.05, lo cual demuestra que el estrato no influye sobre la generación de estos residuos.

Tabla 26. ANOVA Residuos de aspiradoras por estrato

Fuente	Suma de Cuadrados	Gl	Cuadrado Medio	Razón-F	Valor-P
Entre grupos	44.9872	5	8.99744	1.08	0.3824
Intra grupos	475.824	57	8.34779		
Total (Corr.)	520,811	62			

Fuente: Autor

➤ Ventiladores

Al igual que en el residuo anterior, se realizó un ANOVA (Anexo J.3; Tabla 28) para determinar si existen diferencias significativas, encontrándose que el estrato no tiene ninguna influencia sobre la generación de este tipo de residuos, ya que se obtuvo un p-valor >0.05.

Tabla 27. ANOVA Residuos de ventiladores

Fuente	Suma de Cuadrados	Gl	Cuadrado Medio	Razón-F	Valor-P
Entre grupos	23.4432	5	4.68864	1.02	0.4082
Intra grupos	606.411	132	4.59402		
Total (Corr.)	629.854	137			

Fuente: Autor

➤ Televisores

El análisis de varianza (Anexo J.3; tabla 29), no mostró diferencias significativas en la frecuencia de generación de residuos de televisores por estrato, ya que el p-valor >0.05.

Tabla 28. ANOVA Residuos de televisores

Fuente	Suma de Cuadrados	Gl	Cuadrado Medio	Razón-F	Valor-P
Entre grupos	66.7747	5	13.3549	1.35	0.2454
Intra grupos	1380.92	140	9.86368		
Total (Corr.)	1447.69	145			

Fuente: Autor

➢ Computadores

En cuanto a la generación de residuos de computadores, se puede observar que el Análisis de varianza (Anexo J.3; Tabla 30) mostró que no hay diferencias significativas entre los estratos sobre la frecuencia de cambio de estos artículos, lo cual puede deberse a el tiempo de uso y estado del equipo que ya no depende del estrato, sino del fabricante.

Tabla 29. ANOVA residuos de computadores por estrato.

Fuente	Suma de Cuadrados	Gl	Cuadrado Medio	Razón-F	Valor-P
Entre grupos	56.9859	5	11.3972	1.55	0.1776
Intra grupos	938.432	128	7.3315		
Total (Corr.)	995.418	133			

Fuente: Autor

➢ Aires Acondicionados

A diferencia de los residuos anteriormente mostrados, los aires acondicionados si mostraron una influencia del estrato, mostrando un p-valor<0.05, con el fin de identificar las medias significativamente diferentes, se utilizó la prueba de múltiples rangos (Tabla 31).

Tabla 30. ANOVA Residuos aires acondicionados.

Fuente	Suma de Cuadrados	Gl	Cuadrado Medio	Razón-F	Valor-P
Entre grupos	110.294	5	22.0587	2.95	0.0151
Intra grupos	881.212	118	7.4679		
Total (Corr.)	991.506	123			

Fuente: Autor

Como se puede observar en la tabla 32, el estrato que presento diferencias estadísticamente significativas son los estratos 5 y 6 con respecto a los estratos 1,2,3 y 4, siendo la frecuencia de cambio mayor en los estratos 5 y 6, lo que se puede atribuir a la capacidad económica de estos, a su vez, se puede apreciar que guardan una relación entre ellos, ya que 1,2,3 y 4 son similares.

Tabla 31. Prueba de múltiples rangos para residuos de aires acondicionados por estrato.

Contraste	Sig.	Diferencia	+/- Límites
Estrato 1 - 2		0.535714	2.50508
Estrato 1 - 3		-0.0862069	2.42708
Estrato 1 - 4		0.166667	2.55105
Estrato 1 - 5	*	2.54348	2.48076
Estrato 1 - 6		1.24074	2.44244
Estrato 2 - 3		-0.621921	1.55061
Estrato 2 - 4		-0.369048	1.73825
Estrato 2 - 5	*	2.00776	1.63334
Estrato 2 - 6		0.705026	1.57454
Estrato 3 - 4		0.252874	1.62382
Estrato 3 - 5	*	2.62969	1.511
Estrato 3 - 6		1.32695	1.44723
Estrato 4 - 5	*	2.37681	1.70301
Estrato 4 - 6		1.07407	1.64669
Estrato 5 - 6		-1.30274	1.53555

Fuente: Autor

➢ Neveras

En lo referido a los residuos de neveras, el Análisis de varianza – ANOVA-(Tabla 34; Anexo J.3) no mostro diferencias estadísticamente significativas que refleje una incidencia del estrato sobre la frecuencia de generación de este RAEE.

Tabla 32.ANOVA Residuos de Neveras por estrato.

Fuente	Suma de Cuadrados	Gl	Cuadrado Medio	Razón-F	Valor-P
Entre grupos	133.276	5	26.6552	1.96	0.0890
Intra grupos	1880.42	138	13.6262		
Total (Corr.)	2013.7	143			

Fuente: Autor

➢ Lavadoras

Para establecer si existe una incidencia del estrato sobre la generación de este residuo, se utilizó la prueba de kruskal-walis debido a que no cumplió con los supuestos para el ANOVA, este test arrojo que existen diferencias significativas con un p-valor= 0.000974803, por lo tanto, el estrato tiene influencia sobre la frecuencia de generación de estos residuos; debido a esto, se generó el gráfico de caja y bigotes con el fin de establecer cual o cuales son los estratos diferentes (Figura 27).

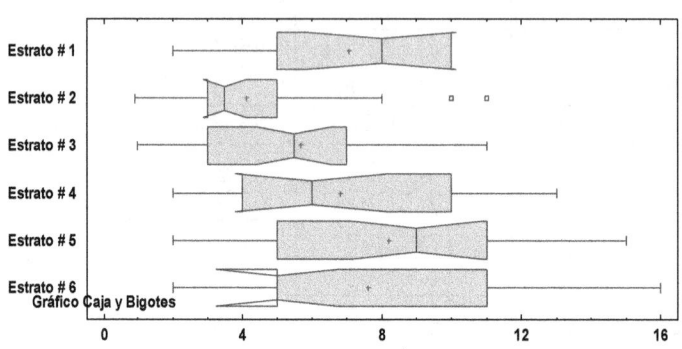

Frecuencia de Generación (años)

Figura 27. Gráfico de caja y bigotes, donde se analiza la generación de residuos de Lavadoras por estrato. Fuente: Autor

En la figura anterior, se puede observar como el estrato 5 tiene un comportamiento similar al estrato 1 y a su vez es mayor que los estratos 2, 3 y 6, lo que indica que tanto el estrato 5 y 1 no cambian con frecuencia estos equipos y por lo tanto la generación de RAEE proveniente de estos es menor respecto a los otros estratos, a diferencia de los resultados anteriores, el comportamiento de este equipo, muestra es relación entre el estrato 5 y1, esto no coincide con ninguno de los reportes abordados anteriormente como los de Inglezakis (2015), y puede deberse a factores propios de la cultura de los barranquilleros, ya que el estrato 1 mantiene una competencia entre ellos mismos para demostrar quién tiene más y mejores electrodomésticos.

➤ Equipos de sonido

Al igual que ocurre con las lavadoras, se utilizó una prueba de kruskal-wallis que arrojó un p-valor de 0.000039928, mostrando que existe una diferencia estadísticamente significativa entre las medianas con un nivel del 95.0% de confianza, por lo que se realizó el gráfico de caja y bigotes (Figura 28) para establecer cuáles eran los estratos que pueden estar incidiendo en la generación de este residuo, mostrándose que el estrato 1 y el 2 son similares entre sí con frecuencia de cambio similar, entre dos y seis años, pero son mayores que los estratos 5 y 6, que muestran una frecuencia entre 2-4 años, esto puede atribuirse a las tendencias tecnológicas y al poder adquisitivo de estos estratos para acceder a estas, el estrato que mostro menor tiempo de cambio es el tres que es el estrato medio.

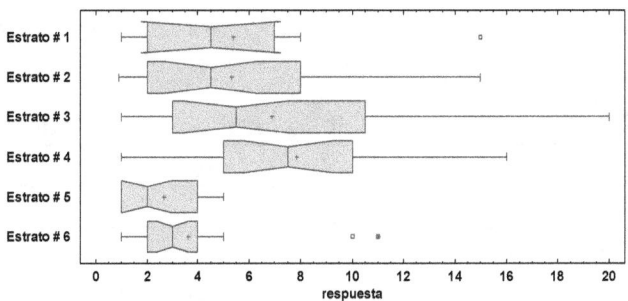

Frecuencia de Generación (años)

Figura 28. Gráfico de caja y bigotes, donde se analiza la frecuencia de generación de residuos de Equipos de sonido por estrato. Fuente: Autor

20. Disposición de RAEE por estrato.

En cuanto a la disposición que hacen los usuarios sobre los residuos analizados anteriormente, si estos son reutilizados, dispuestos en centros especializados, en los arroyos, entregados a recicladores o dispuestos en rellenos sanitarios, se determinó que no hay diferencias significativas entre los estratos para las tres primeras opciones con p-valor de 0.0644, 0.2267 y 0.4602 respectivamente, sin embargo, las últimas dos opciones si presentaron diferencias significativas con un p-valor 0.0011 para disposición en la basura y un p-valor 0.0061 para la opción de entregar a recicladores.

Con el fin de establecer cuál es el estrato que presenta estas diferencias, se calcularon Intervalos de confianza para cada uno de estos (Tabla 34), en la opción de botar en la basura, el estrato 6 es diferente a los estratos 4 y 2, mientras que estos últimos son similares entre sí, esto quiere decir que los estratos 2,3 y 4 presenta una mayor población que bota en la basura sus residuos de aparatos eléctricos y electrónicos. En cuanto a la opción de entrega a los recicladores, el estrato 5 fue el que presento un mayor porcentaje de la población que hace entrega a los recicladores, a diferencia del estrato 2, donde se observó un menor porcentaje.

De acuerdo a lo establecido por (Sotelo, s.f), en México en materia de disposición de RAEE´s, tanto el estrato alto, medio y bajo no tienen un conocimiento claro sobre los mecanismos de disposición de este tipo de residuos, por lo que resaltan la necesidad de trabajar educación ambiental para un manejo adecuado de estos residuos.

Tabla 33. Distribución a partir de IC para reconocer el tipo disposición de los RPD en Barranquilla, por estrato socioeconómico

	Bota en la basura	Se lo entrega a recicladores
Estrato	IC 95%	IC 95%
1	0.14 a 0.36	0.37 a 0.62
2	0.34 a 0.51	0.26 a 0.42
3	0.31 a 0.47	0.27 a 0.43
4	0.33 a 0.59	0.23 a 0.48
5	0.12 a 0.37	0.41 a 0.70
6	0.07 a 0.31	0.39 a 0.71

Fuente: Autor

21. De los productos que seleccionó en las listas anteriores, reduciría su cantidad si pagará por desecharlos

La población, se le preguntó si reducirían la cantidad de residuos generados en caso de tener que pagar por disponerlos de manera especial, encontrándose diferencias significativas para las opciones de SI con un p-valor=0.0114, NO con p-valor = 0.0489 y NO SE con p-valor= 0.0029, la opción NO ME INTERESA no mostro una diferencias significativas con p-valor = 0.7794.

Ya habiendo determinado que existe una influencia del estrato sobre estas tres opciones, se calcularon intervalos de confianza, para establecer cuáles son los estratos diferentes entre sí, tal como se observa en la tabla 35, en la opción SI el estrato que resulto estadísticamente diferente fue el estrato tres, presentando un mayor porcentaje de población que escogió esta opción, a diferencia del estrato 1 que tuvo el intervalo más pequeño, eso quiere decir que para el estrato 1 le es indiferente la reducción en caso de aumento de costo, lo que puede deberse a los subsidios que celebra la población perteneciente a este estrato y por lo tanto pueden no sentir una obligación de pago en comparación con la clase media de la ciudad, esto, se corrobora al observar el intervalo de la opción NO, donde también obtuvo el mínimo porcentaje de población que dijo que no reduciría sus residuos en caso de tener que pagar más por la disposición de estos. En cuanto a la última opción, NO SE, el estrato seis fue el que presento diferencias con respecto al 1 (uno) con el mayor porcentaje de personas que contestaron que no saben si reducirían sus residuos si se les cobra por la disposición especial de estos.

Tabla 34. Distribución a partir de IC para reconocer la influencia del estrato, sobre la posibilidad de reducción de RPD.

Estrato	Prop. Si	IC 95%	Prop. No	IC 95%	Prop. No Se	IC 95%
1	0.28	0.19 a 0.37	0.17	0.10 a 0.25	0.11	0.06 a 0.18
2	0.44	0.35 a 0.52	0.32	0.24 a 0.40	0.24	0.17 a 0.32
3	0.50	0.41 a 0.59	0.33	0.25 a 0.42	0.16	0.10 a 0.23
4	0.48	0.35 a 0.61	0.35	0.23 a 0.48	0.13	0.06 a 0.24
5	0.51	0.35 a 0.66	0.24	0.12 a 0.39	0.24	0.12 a 0.39
6	0.37	0.22 a 0.53	0.24	0.12 a 0.40	0.37	0.22 a 0.53

Fuente: Autor

En la tabla anterior, se puede observar que para la opción SI, el estrato que resulto estadísticamente diferente fue el estrato tres, presentando un mayor porcentaje de población que escogió esta opción, a diferencia del estrato 1 que tuvo el intervalo más pequeño, eso quiere decir que para el estrato 1 le es indiferente la reducción en caso de aumento de costo, lo que puede deberse a los subsidios que celebra la población perteneciente a este estrato y no sienten una obligación de pago en comparación con la clase media de la ciudad y esto se corrobora al observar el intervalo de la opción NO, donde también obtuvo el mínimo porcentaje de población que dijo que no reduciría sus residuos en caso de tener que pagar más por la disposición de estos.

En cuanto a la última opción, NO SE, el estrato seis fue el que presento diferencias con respecto al 1 con el mayor porcentaje de personas que contestaron que no saben si reducirían sus residuos si se les cobra por la disposición especial de estos.

22. Reconocimiento de los efectos negativos a la salud que causa el manejo inadecuado de los RPD

Se realizó la prueba chi-cuadrada, con el fin de establecer si existen diferencias significativas entre los estratos sobre el conocimiento de los efectos en la salud por mal manejo de RPD, encontrándose diferencias en las opciones SI y NO SE, con p-valor= 0.0480 y 0.0050 respectivamente, la opción NO tuvo un p-valor=0.2822 y NO ME INTERESA un p-valor=0.5470, en otras palabras, el estrato no influye sobre estas dos últimas opciones.

Se calcularon Intervalos de confianza (Tabla 36), encontrándose que el estrato cinco es diferente del estrato uno, con un porcentaje menor de personas que dieron respuesta afirmativa al reconocimiento de los efectos a la salud por RPD, estos resultados podrían atribuirse al grado de formación académica de las personas encuestadas y/o a la capacitación que se les haya realizado en el tema.

Tabla 35. Población que reconoce los efectos en la salud por manejo inadecuado de RESPEL, por estrato socioeconómico.

Estrato	Prop. Si	IC 95%	Prop. No Se	IC 95%
1	0.95	0.86 a 0.98	0.02	0.001 a 0.09
2	0.85	0.78 a 0.90	0.02	0.003 a 0.06
3	0.83	0.75 a 0.88	0.05	0.02 a 0.10
4	0.84	0.72 a 0.92	0.02	0.0009 a 0.09
5	0.72	0.57 a 0.84	0.15	0.062 a 0.28
6	0.85	0.65 a 0.95	0.04	0.001 a 0.19

Fuente: Autor

23. Reconocimiento de los efectos negativos al medio ambiente por el manejo inadecuado de los RPD por estrato

Se realizó la prueba chi-cuadrada, con el fin de establecer si existen diferencias significativas entre los estratos sobre el conocimiento de los efectos al medio ambiente por el mal manejo de RPD, obteniendo diferencias en las opciones SI y NO con p-valor=0.0000 para los dos casos; las opciones NO SE y NO INTERESA presentaron p-valor= 0.0927 y 0.0382 respectivamente

En la tabla 37, se puede observar que el estrato 3 tiene el menor porcentaje de población que dice conocer los impactos ambientales por el manejo inadecuado de RESPEL, a diferencia del estrato 1, que presenta el mayor porcentaje que dice reconocerlos, en cuanto a los estratos 2, 4, 5 y 6 presentaron un comportamiento similar entre ellos.

Respecto a la opción de no conocer los impactos al medio ambiente, el estrato tres presento mayor porcentaje de escogencia y el estrato 1 menor porcentaje, esto puede deberse a los esfuerzos que se han realizado por parte de diferentes actores locales, ya sea de carácter público o privado en capacitar poblaciones vulnerables como el estrato 1 y han dejado de lado la formación en manejo de RESPEL a los estratos medio y medio-alto.

Tabla 36. Población que reconoce los efectos en el medio ambiente por el manejo inadecuado de RESPEL, por estrato socioeconómico

Estrato	Prop. Si	IC 95%	Prop. No	IC 95%
1	0.98	0.91 a 0.99	0.00	0 a 0.05
2	0.79	0.68 a 0.87	0.14	0.07 a 0.23
3	0.30	0.14 a 0.50	0.48	0.28 a 0.68
4	0.83	0.71 a 0.91	0.13	0.06 a 0.23
5	0.72	0.57 a 0.84	0.13	0.05 a 0.26
6	0.88	0.74 a 0.96	0.05	0.006 a 0.16

Fuente: Autor

24. Disposición de las personas por estrato a realizar un manejo adecuado de RPD si se les capacita

Para determinar cuál es el nivel de importancia para la población encuestada en materia de capacitación, se realizó la prueba de kruskal-wallis, la cual no mostro diferencias significativas para ninguna opción con un p-valor =0.698501, lo que indica, que el estrato no influye sobre la percepción de la importancia en la capacitación y estudio sobre el manejo adecuado de RESPEL.

25. Percepción sobre el manejo de estos residuos en la ciudad

Con el fin de establecer si las personas consideraban si en Barranquilla se hace un manejo adecuado de los RESPEL, se utilizó la prueba de chi-cuadrada, la cual arrojo que existen diferencias estadísticamente significativas para las opciones SI y NO con un p-valor=0.000, lo que indica que el estrato influye sobre la escogencia de estas dos opciones, a diferencia de NO SE y NO ME INTERESA que no mostraron diferencias con p-valor de 0.0837 y 0.4678

Tal como se puede apreciar en la tabla 38, en todos los estratos hubo un mayor porcentaje de personas que considera que en la ciudad no se realiza un manejo adecuado de los RESPEL con porcentajes hasta el 88% como es el caso del estrato 1 y seis, con respecto a los estratos dos, tres, y cuatro se puede evidenciar que son estadísticamente iguales.

Tabla 37.Estimación de la percepción del manejo de RESPEL por estrato

Estrato	Prop. Si	IC 95%	Prop. No	IC 95%
1	0.12	0.05 a 0.22	0.80	0.68 a 0.88
2	0.05	0.02 a 0.10	0.88	0.81 a 0.92
3	0.06	0.02 a 0.11	0.89	0.82 a 0.93
4	0.03	0.003 a 0.10	0.92	0.82 a 0.97
5	0.30	0.17 a 0.45	0.51	0.36 a 0.65
6	0.24	0.12 a 0.40	0.66	0.49 a 0.80

Fuente: Autor

26. Estimación del nivel de conocimiento por estrato, de los receptores o instalaciones (centros comerciales) autorizados en Barranquilla para la disposición de los residuos peligrosos

Se quiso analizar si existen diferencias entre los estratos en el reconocimiento de instalaciones autorizadas para la recepción de residuos peligrosos, para esto se utilizó la prueba de chi-cuadrada que arrojo que existen diferencias significativas solo para la opción NO, con p-valor =0.0464, las opciones SI (p-valor= 0.1118), NO SE (p-valor=0.3766) y NO ME INTERESA (p-valor=0.6280) no presentaron diferencias significativas.

Como se puede observar en la tabla 39, los estratos que mostraron una diferencias entre sí fueron el dos y el seis, teniendo el primero mayor proporción de personas que dice no reconocer lugares acreditados para la disposición de Residuos, los demás estratos (1,3,4 y 5) fueron similares entre ellos, manteniendo una alta proporción de personas que desconocen estos sitios.

102

Tabla 38. Población que identifica sitios autorizados para recibir RESPEL en la ciudad de Barranquilla

Estrato	Prop. No	IC 95%
1	0.67	0.54 a 0.78
2	0.73	0.64 a 0.80
3	0.68	0.59 a 0.75
4	0.69	0.55 a 0.80
5	0.61	0.45 a 0.75
6	0.46	0.30 a 0.62

Fuente: Autor

27. Conclusiones

Se logró realizar la cuantificación y análisis del comportamiento de RESPEL de los principales emisores de la ciudad de Barranquilla, asimismo se identificó el manejo actual que se da sobre estos a nivel domiciliario, a continuación, se muestran las conclusiones de acuerdo a los sectores analizados:

Comportamiento de los RESPEL en la Industrial y Hospitalario en la Ciudad de Barranquilla, se encontró lo siguiente:

En barranquilla predominan los RESEPEL en estado sólido-semisólido y liquido con una participación de del 83.4 y 16.5 % respectivamente. Los RESPEL en estado gaseoso no presentan impacto en el estudio debido a su baja representatividad (0,001%). Los sectores industrial y hospitalario generan aproximadamente el 85 % de los RESPEL en la ciudad de Barranquilla, el primero con una participación del 50% y el segundo con el 35 %. Las principales actividades económicas generadoras de RESPEL fueron: Fabricación de plaguicidas y otros productos químicos de uso agropecuario (CIIU2021) con ~ 22%; Actividades de hospitales y clínicas, con internación (CIIU8610) con ~ 43%; fabricación de productos farmacéuticos, sustancias químicas medicinales y productos botánicos de uso farmacéutico (CIIU2100) con ~ 8%; fabricación de jabones y detergentes, preparados para limpiar y pulir, perfumes y preparados de tocador(CIIU2023) con ~ 2%.

Las corrientes de RESPEL que más se generan y que representan aproximadamente el 80% de los residuos generados para estado sólido-semisólido son: Desechos clínicos resultantes de la atención médica prestada en hospitales, centros médicos y clínicas (Y1),

Desechos de medicamentos y productos farmacéuticos (Y3), Desechos resultantes de la producción, la preparación y la utilización de biocidas y productos fito farmacéuticos (Y4), Residuos resultantes de las operaciones de eliminación de desechos industriales (Y18) y Envases y contenedores de desechos que contienen sustancias incluidas en el Anexo I del decreto 4741 de 2005 (A4130).

En el estado líquido las corrientes más representativas fueron: Desechos resultantes de la producción, la preparación y la utilización de disolventes orgánicos (Y6), Desechos de aceites minerales no aptos para el uso a que estaban destinados (Y8), Mezclas y emulsiones de desechos de aceite y agua o de hidrocarburos y agua (Y9) y Aceites minerales de desecho no aptos para el uso al que estaban destinados (A3020).

Los tipos de disposición y/o aprovechamiento externo más aplicados en la ciudad de Barranquilla son: incineración con 72% con una tendencia marcada a seguir en aumento, caso contrario ocurre con la disposición en celdas de seguridad en la que la tendencia es decreciente y con solo una participación del 2%. En la ciudad los procesos de aprovechamientos de RESPEL mas aplicado son R4 reciclado o recuperación de metales y compuestos metálicos con un 1% y R9 regeneración u otra reutilización de aceites usados con 5%.

Manejo de los RPD en Barranquilla, se encontró lo siguiente: Existe deficiencia en el conocimiento e identificación de un RESPEL domiciliario, dado que 40% de la población, identifico con características de peligrosidad residuos ordinarios. Los residuos más reconocidos como RESPEL fueron los envases de blanqueadores y desinfectantes.

Los residuos que mostraron diferencias estadísticamente significativas en la identificación de peligrosidad por estrato fueron: Residuos de envases de desinfectantes, resultantes de atención médica, envases contaminados con sustancias químicas, baterías de carro usada, envases contaminados con combustible, envases de líquidos para frenos y transmisión, productos de aseo y limpieza de muebles, que corresponden al 30% de todos los residuos presentados en la encuesta.

El 70% de la población barranquillera, establece que los residuos no se deben clasificar de la misma manera, excepto, en el estrato 6 donde se obtuvo que el 48% al 81% de la población cree que los residuos se disponen y maneja de la misma manera.

El 50% de la población estableció que hacían separación de sus residuos en orgánicos e inorgánicos. El 27% de la población no considera como peligroso a los RAEE. El equipo electrónico con mayor frecuencia de cambio en la población barranquillera, fueron los dispositivos móviles con promedio de 2.2 años.

El estrato influye significativamente en la generación de residuos de celulares, aires acondicionados, maquinas lavadoras y equipos de Sonido. El 49% de la población, reutiliza los residuos de equipos electrónicos como: celulares, licuadoras, microondas, aspiradoras, ventiladores, televisores, computadores, aires acondicionados, neveras, lavadoras, impresoras y equipos de sonido y el 45% lo entrega a recicladores. El estrato no influye sobre el tipo de disposición que se le da a los RAEE.

El 46% de la población, estaría dispuesta a reducir sus RPD en caso de tener que pagar por la disposición de estos, evidenciándose, que en el estrato 3 el 50% de la población reduciría los residuos en caso de tener que pagar por la disposición que se le dé, mientras que el estrato 1 no estaría dispuesto a reducirlos.

Aproximadamente el 88% de la población reconoce los efectos negativos que causa el manejo inadecuado de RESPEL sobre la salud y el medio ambiente.

El estrato tiene influencia significativa en el conocimiento de los efectos a la salud y el medio ambiente, por el manejo inadecuado de los RESPEL Para la población es de gran importancia la capacitación en manejo de los RPD para realizar una gestión adecuada de estos al interior de su hogar.

El estrato no tiene influencia acerca de la percepción de la importancia en capacitación sobre el manejo inadecuado de RESPEL.

EL 84% de la población considera que en Barranquilla no se realiza una adecuada gestión de los RPD.

El 70% de la población desconoce de los centros especializados en recibir RPD, encontrándose que en el estrato 2, el 73% de la población desconoce de sitios para la disposición de RESPEL y en el estrato 6 solo el 46% de la población desconoce estos sitios

28. Recomendaciones

- Realizar seguimientos con más frecuencia a los planes de Gestión

Integral de Los Residuos Peligrosos en los diferentes Sectores.

- Desarrollar trabajos de cuantificación y caracterización de los RESPEL a nivel domiciliario

- Realizar compañas de capacitaciones referentes a los RESPEL, Identificación, Manejo y Disposición final.

- Que las autoridades ambientales anualmente desarrollen diagnósticos del comportamiento de los RESPEL.

- Realizar seguimiento al sector de servicio en la gestión de RESPEL, ya que no presentan continuidad en el reporte de datos.

- Las autoridades deben promover la separación y recolección de los RESPEL domiciliarios.

- Se debe regular a nivel nacional mejores políticas encaminadas al manejo de los RESPEL a nivel domiciliario.

- Desarrollar investigaciones, enfocados en la búsqueda de alternativas biológicos como tratamiento de RESPEL

- La Autoridad ambiental, debe reforzar las capacitaciones en manejo de RPD en la ciudad de Barranquilla.

Referencias bibliográficas

Albert, L. (1997). Compuestos orgánicos persistentes. Albert L. Editora. Introducción a la Toxicología Ambiental. ECO/OPS/OMS, 333-335.

Albert, L. (1997). Compuestos orgánicos persistentes. Albert L. Editora. Introducción a la Toxicología Ambiental. ECO/OPS/OMS, 333-335.

Alcaldía de Barranquilla. Tomado el 14/09/2015

Al-Khatib, I. A., Kontogianni, S., Nabaa, H. A., & Al-Sari, M. I. (2015). Public perception of hazardousness caused by current trends of municipal solid waste management. Waste Management, 36, 323-330.

Amat, G. C. (2004). Detección y caracterización por métodos fenotípicos y moleculares de mycolata formadores de espumas en estaciones depuradoras de aguas residuales domésticas con sistemas de fangos activos (Doctoral dissertation, Universitat Politècnica de València).

ANDI.(2016). Andi. Colombia. Recuperado: http://www.andi.com.co/cinau

Aprilia, A., Tezuka, T., & Spaargaren, G. (2013). Inorganic and hazardous solid waste management: Current status and challenges for Indonesia. Procedia Environmental Sciences, 17, 640-647.

Barral, R., Pozo, K., Roberto, U., Cisternas, M., Pacheco, P., & Focardi, S. (2001). Plaguicidas organoclorados persistentes en sedimentos de tres lagos costeros y un lago andino de Chile central. Boletín de la Sociedad Chilena de Química, 46(2), 149-159.

Benavides, L. (1993). Guía para la definición y clasificación de residuos peligrosos. In Guía para la definición y clasificación de residuos peligrosos. CEPIS.

Buenrostro, O., & Israde, I. (2003). Municipal solid waste management in the basin of Cuitzeo, Mexico. Revista Internacional de Contaminacion Ambiental,19(4), 161-169.

Cantanhede, A. (1999). Gestión y Tratamiento de los Residuos Generados en los Centros de Atención de Salud. Organización Mundial de la Salud. Montevideo.

Careaga, J. A. (1993). Manejo y reciclaje de los residuos de envases y embalajes (No. 4). Instituto Nacional de Ecología.

Castells, X. E. (2012). Reciclaje y tratamiento de residuos diversos: Reciclaje de residuos industriales. Ediciones Díaz de Santos.

Concejo Superior de las Fuerzas militares.(2014).Estudio del sector farmacéutico colombiano correspondiente al proceso de adquisición, distribución, suministro y control de medicamentos a traves de un operador logistico para los usuarios del subsistema de salud de las fuerzas militares de las vigencias 2014 a 2018. Recuperado de: file:///C:/Users/USUARIO/Downloads/DA_PROCESO_14-1-126168_115011000_11833589.pdf

Consoni, J. (2000). Selección de sitios y gestión de resi duos sólidos municipales.[II Curso internacional de aspectos geológicos de protección ambiental. Brasil. División de Geología

Couto, N., Silva, V., Monteiro, E., & Rouboa, A. (2013). Hazardous waste management in Portugal: An overview. Energy Procedia, 36, 607-611.

Cruz, R. B. E. C., Martínez, A. J. G., & Beltrán, Á. C. (2004). Inventario de residuos peligrosos industriales en 17 municipios del estado de Hidalgo, México. Rev. Int. Contam. Ambient, 20(1), 13-22.

Decreto 1076 de 2015 Nivel Nacional. Bogotá, Colombia, Mayo 26 de 2015.

Decreto 2981 de 2013 Nivel Nacional. Diario Oficial 49010, Bogotá, Colombia, Diciembre 20 de 2013

Decreto 4741 de 2005 Nivel Nacional. Diario Oficial 46137, Bogotá, Colombia, Diciembre 30 de 2005.

Demirbas, A. (2011). Waste management, waste resource facilities and waste conversion processes. Energy Conversion and Management, 52(2), 1280-1287.

Departamento técnico administrativo de medio ambiente barranquilla-DAMAB. (2012). Proyecto de Erradicación a cielo aberto del distriro de barranquilla.

Díaz-Barriga, F. (1996). Los residuos peligrosos en México. Evaluación del riesgo para la salud. Salud pública de México, 38(4), 280-291.

Domènech, X., Jardim, W. F., & Litter, M. I. (2001). Procesos avanzados de oxidación para la eliminación de contaminantes. Eliminiación de Contaminantes por Fotocatálisis Heterogênea, cap, 1.

Duan, H., Huang, Q., Wang, Q., Zhou, B., & Li, J. (2008). Hazardous waste generation and management in China: a review. Journal of Hazardous Materials, 158(2), 221-227.

Ecke, H., & Svensson, M. (2008). Mobility of organic carbon from incineration residues. Waste management, 28(8), 1301-1309.

Elimelech, E., Ayalon, O., & Flicstein, B. (2011). Hazardous waste management and weight-based indicators—The case of Haifa Metropolis.Journal of hazardous materials, 185(2), 626-633.

EPA. "The National biennial RCRA hazardous waste report (base don 2009 data)".(2010). Información Estados Unidos 2009.

Fedesarrollo.(2015). Informe del sector farmacéutico. Recuperado de: http://www.fedesarrollo.org.co/wp-content/uploads/Informe-Farmac%C3%A9utico-Julio-2015.pdf

Fikri, E., Purwanto, P., & Sunoko, H. R. (2015). Modelling of Household Hazardous Waste (HHW) Management in Semarang City (Indonesia) by Using Life Cycle Assessment (LCA) Approach to Reduce Greenhouse Gas (GHG) Emissions. Procedia Environmental Sciences, 23, 123-129.

Garrido, S. (1998). Regulación básica de la producción y gestión de residuos. FC Editorial.

Gaviria Lebrún, A., & Monsalve Álvarez, E. Y. (2012). Análisis para la gestión de residuos peligrosos domiciliarios en el municipio de Medellín. Monografia Universidad La Sallista.

Giraldo, J. M., & Ocampo, A. (2005). Determinación de precursores de dioxinas y furanos de los gases procedentes de un incinerador en un reactor fotocatalítico. Revista EIA, (3), 83-94.

Gómez, C. I. S. (2011). Problemática y gestión de residuos sólidos peligrosos en Colombia. Revista Innovar Journal Revista de Ciencias Administrativas y Sociales, 1(15), 41-52.

Gómez, M. L., Hurtado, C., Dussán, J., Parra, J. P., & Narváez, S. (2006). Determinación de la capacidad degradación de compuestos orgánicos persistentes por bacterias marinas aisladas de sedimentos del Caribe colombiano. Actual Biol, 28(85), 125-137.

Gómez, M. L., Hurtado, C., Dussán, J., Parra, J. P., & Narváez, S. (2006). Determinación de la capacidad degradación de compuestos orgánicos persistentes por bacterias marinas aisladas de sedimentos del Caribe colombiano. Actual Biol, 28(85), 125-137.

González, V. (1998). Los residuos radiactivos. Generación, tratamiento y gestión. Monografías de la Real Academia Nacional de Farmacia.

Grochowalski, A. (1998). PCDDs and PCDFs concentration in combustion gases and bottom ash from incineration of hospital wastes in Poland. Chemosphere,37(9), 2279-2291.

Gutiérrez Pulido, H., & De la Vara Salazar, R. (2004). Análisis y diseño de experimentos. México DF: McGraw-Hill.

Guerrero, L. A., Maas, G., & Hogland, W. (2013). Solid waste management challenges for cities in developing countries. Waste management, 33(1), 220-232.

Hernández, C. (2013) Situación Actual de la Gestión de RAEE en Colombia, tomado de:

http://www.barranquilla.gov.co/index.php?option=com_content&view=article&id=28&Itemid=119

http://www.itu.int/en/ITU-T/climatechange/201303/Documents/Presentations-ES/Carlos_Hernandez_s5_S.pdf

Hodul, J., Dohnálková, B., & Drochytka, R. (2015). Solidification of hazardous waste with the aim of material utilization of solidification products. Procedia Engineering, 108, 639-646.

Instituto de Hidrología, Meteorología y Estudios Ambientales. Ministerio de Ambiente y Desarrollo Sostenible. (2011). Informe Nacional - Generación y manejo de residuos o desechos peligrosos en Colombia.

Instituto de Hidrología, Meteorología y Estudios Ambientales.

Ministerio de Ambiente y Desarrollo Sostenible. (2012). Informe Nacional - Generación y manejo de residuos o desechos peligrosos en Colombia.

Instituto de Hidrología, Meteorología y Estudios Ambientales. Ministerio de Ambiente y Desarrollo Sostenible. (2013). Informe Nacional - Generación y manejo de residuos o desechos peligrosos en Colombia.

Inglezakis, V. J., & Moustakas, K. (2015). Household hazardous waste management: A review. Journal of environmental management, 150, 310-321.

Instituto de Hidrología, Meteorología y Estudios Ambientales. Ministerio de Ambiente y Desarrollo Sostenible. (2015). Informe Nacional - Generación y manejo de residuos o desechos peligrosos en Colombia.

Kan, A. (2009). General characteristics of waste management: A review.Energy Education Science and Technology Part a-Energy Science and Research, 23, 55-69.

Li, L., Wang, S., Lin, Y., Liu, W., & Chi, T. (2015). A covering model application on Chinese industrial hazardous waste management based on integer program method. Ecological Indicators, 51, 237-243

Loayza Jorge E. (2007). Gestión integral de residuos químicos peligrosos. Rev. Soc. Quím. Perú. Vol.73, n.4

LLinás, H. (2010). Estadística inferencial. Colombia, Editorial UniNorte.

Muñoz, E. (2001). Biotecnología y sociedad (Vol. 1). Ediciones AKAL.

Márquez González, A. R., Ramos Pantoja, M. E., & Mondragón Jaimes, V. A. (2013). Percepción ciudadana del manejo de residuos sólidos municipales: El caso Riviera Nayarit. Región y sociedad, 25(58), 87-121.

MAVDT, (2003). Guía Para La Gestión Ambiental Responsable De Los Plaguicidas Químicos De Uso Agrícola En Colombia

Misra, V., & Pandey, S. D. (2005). Hazardous waste, impact on health and environment for development of better waste management strategies in future in India. Environment international, 31(3), 417-431.

Monge, G. (1997). Manejo de residuos en centros de atención de salud. Hojas de Divulgación Técnica, 69, 70.

Mora, J. C., Baeza, A., Robles, B., & Sanz, J. (2016). Assessment for the management of NORM wastes in conventional hazardous and nonhazardous waste landfills. Journal of hazardous materials, 310, 161-169.

Moreno Avilés, J. M. (2011). Diseño e implementación de un sistema de manejo de residuos peligrosos generados en los terminales y depósitos de EP Petroecuador (Doctoral dissertation, Quito: Universidad Internacional SEK).

Naciones Unidas, 2011. Tomado de: http://unstats.un.org/unsd/environment/hazardous.htm

Navidi, W. (2006). Estadística para ingenieros y científicos. México. McGrawHill.

Ojeda, S.(1999). Los niveles de conciencia ambiental en una comunidad: Un instrumento para diseñar un programa educativo ambiental (Doctoral dissertation, tesis doctoral, Universidad Iberoamericana del Noroeste (en proceso)).

Organización de las naciones unidas-ONU (2002). Clasificación Industrial Internacional Uniforme de todas las actividades económicas (CIIU). Serie N° 4, Rev. 3.1 Recuperado de http://unstats.un.org/unsd/publication/seriesM/seriesm_4rev3_1s.pdf

Perez, J. O. H. N., Espinel, J., Ocampo, A. L. O. N. S. O., & Londoño, C. (2001). Dioxinas en procesos de incineración de desechos. DYNA, 134, 65-75.

Pérez, G. J. (2013). Barranquilla avances recientes en sus indicadores socioeconómicos, y logros en la accesibilidad geográfica a la red pública hospitalaria". Documentos de trabajo sobre economía regional, (185).

Pichtel, J. (2005). Waste management practices: municipal, hazardous, and industrial. CRC Press.

Porta, M., Kogevinas, M., Zumeta, E., Sunyer, J., Ribas-Fitó, N., & Grupo de Trabajo sobre Compuestos Tóxicos Persistentes y Salud del IMIM. (2002). Concentraciones de compuestos tóxicos persistentes en la población española: el rompecabezas sin piezas y la protección de la salud pública. Gaceta Sanitaria, 16(3), 257-266.

Pro-Barranquilla (2013). Sector Farmacéutico Barranquilla y el Departamento del Atlántico [Presentación] Recuperado de : http://www.probarranquilla.org/sectorsDownloadableFiles/es/Farmace uticos_FEB13.pdf

Rajarao, R., Sahajwalla, V., Cayumil, R., Park, M., & Khanna, R. (2014). Novel approach for processing hazardous electronic waste. Procedia Environmental Sciences, 21, 33-41.

Ramanathan, T., & Ting, Y. P. (2015). Selection of wet digestion methods for metal quantification in hazardous solid wastes. Journal of Environmental Chemical Engineering, 3(3), 1459-1467.

Ramírez, M. A. Y., García, A. G., & Barrera, J. (2003). El Convenio de Estocolmo sobre contaminantes orgánicos persistentes y sus implicaciones para México. Gaceta Ecológica, (69), 7-28.

Ramírez, M. A. Y., García, A. G., & Barrera, J. (2003). El Convenio de Estocolmo sobre contaminantes orgánicos persistentes y sus implicaciones para México. Gaceta Ecológica, (69), 7-28.

Red de Ciudades como vamos. (2014). Informe Sobre La Política Pública De Inclusión De Recicladores De Oficio En La Cadena De Reciclaje. Recuperado de: http://www.medellincomovamos.org/informe-nacional-sobre-reciclaje-inclusivo-2014pdf

Restrepo, L. U., Rodríguez, S. M., Hernández, C. A., & Ott, D. (2010). Manejo de los RAEE a través del Sector Informal en Bogotá, Cali y Barranquilla.Programa Seco/Empa sobre la Gestión de RAEE en América Latina, Colombia, Reporte técnico.

Restrepo, I., Bernache, G., Rathje, W., (1991). Los demonios del Consumo (Basura y Contaminació´n) (The Demons of Consumption (Garbage and Contamination) (in Spanish). Centro de Ecodesarrollo, Mexico, D.F., 270 pp.

Sebastião, J.F and Casimiro, A.P. (2000). Opinion relative to the treatment of hazardous industrial waste. Independent Scientific Commission of Control and Environmental Supervision of Co-Incineration.

Secretaría de salud pública (2012). Plan de salud territorial distrito

Barranquilla

Secretaría distrital de Ambiente. Alcaldía Mayor de Bogotá. (2011). Manejo de Residuos Peligrosos Generados en las Viviendas.

Slack, R. J., Gronow, J. R., & Voulvoulis, N. (2009). The management of household hazardous waste in the United Kingdom. Journal of environmental management, 90(1), 36-42.

Sotelo, S. E. C., Rodríguez, J. R. C., Edo, M. D. B., Benítez, S. O., & Olvera, G. L. Perfiles Sociodemográficos En El Manejo De Los Residuos De Aparatos Eléctricos Y Electrónicos: Un Análisis Preliminar Para El Uso De Herramientas De Inteligencia Artificial.

Suárez, C. (2000). Problemática y Gestión de Residuos Sólidos Peligrosos en Colombia. Innovar, N°15, 41.

Thornton, J., & de Greenpeace, C. D. T. (1993). Incineración de residuos peligrosos Impactos en la agricultura. Campaña de Tóxicos de Greenpeace.

Uca, S. (2009). Gestión de residuos electrónicos en América Latina. Santiago de Chile, en: http://www. resol. com. br/cartilha14/gestion_de_residuos_en_america_latina. pdf, consultado el, 22.

Universidad Concepción de Chile (2007). Gestión de Residuos Peligrosos. Recuperado de: http://www2.udec.cl/udt/documentos/jcc.pdf

Universidad de las Naciones Unidas. (2015). e-Waste en América Latina: Análisis estadístico y recomendaciones de política pública. Recuperado de: http://www.gsma.com/latinamerica/wp-content/uploads/2015/11/gsma-unu-ewaste2015-spa.pdf

(USEPA 1990) United States Environmental Protection Agency. "Standards for Owners and Operators of Hazardous Wastes Incinerators and Burning of Hazardous Wastes in Boilers and Industrial Fumaces; Proposed and Supplemental Proposed Rule, Technical Corrections, and Request for Comments"

Velasco, M. (2008). Análisis comparativo del sistema de gestión de RAEE de Cataluña frente al de otros países. Hallazgos y Consideraciones económicas y ambientales. In I Simposio Iberoamericano de Ingeniería de Residuos (pp. 23-24).

Vergara Pérez, R. R. (2013). Cuantificación y caracterización de residuos peligrosos hospitalarios generados en trece centros de atención en salud en una ciudad latinoamericana.

Vergara, R. 2012. Cuantificación y caracterización de residuos peligrosos hospitalarios generados en trece centros de atención en salud en una ciudad latinoamericana. Tesis de Grado Para optar el título de especialista en gestión de residuos sólidos. Universidad EAN, Bogotá DC.

Vicente, Á., Arqués, J. F., Villalbí, J. R., Centrich, F., Serrahima, E., Llebaria, X., & Casas, C. (2004). Plaguicidas en la dieta: aportando piezas al rompecabezas. Gaceta Sanitaria, 18(6), 425-430

Vicente, Á., Arqués, J. F., Villalbí, J. R., Centrich, F., Serrahima, E., Llebaria, X., & Casas, C. (2004). Plaguicidas en la dieta: aportando piezas al rompecabezas. Gaceta Sanitaria, 18(6), 425-430.

Villena, J. (1994). Guía para el manejo interno de residuos hospitalarios. Lima: Editorial Ruiz, 57-76

Vacenovska B, Cerny V, Drochytka R, Urbanek B, Vodickova E, Pavlikova J, Valko V. Verification of the possibilty of polidification product made of neutralization sludge use in the building industry. Procedia Engineering 57. Vilnius Gediminas Technical University:

11th International Conference on Modern Building Materials; 2013, p. 1192-1197.

Xiao, X., Hu, J., Peng, P. A., Chen, D., & Bi, X. (2016). Characterization of polybrominated dibenzo-p-dioxins and dibenzo-furans (PBDDs/Fs) in environmental matrices from an intensive electronic waste recycling site, South China. Environmental Pollution, 212, 464-471.

Yan, M., Li, X., Yang, J., Chen, T., Lu, S., Buekens, A. G., & Yan, J. (2012). Sludge as dioxins suppressant in hospital waste incineration. Waste management, 32(7), 1453-1458.

Yanes, J. P. M., & Gaitan, O. G. (2005). Herramientas para la gestión energética empresarial. Scientia et Technica, 3(29), 169-174.

Yang, W., Nam, H. S., & Choi, S. (2007). Improvement of operating conditions in waste incinerators using engineering tools. Waste management, 27(5), 604-613.

Zhao, J., Huang, L., Lee, D. H., & Peng, Q. (2016). Improved approaches to the network design problem in regional hazardous waste management systems. Transportation Research Part E: Logistics and Transportation Review, 88, 52-75.

Zellweger, H., Martínez, C. (2012). Gestión de RAEE en el Perú Diagnóstico de Electrodomésticos Neveras, Lavadoras y Televisores. Recuperado de: http://www.raee-peru.pe/pdf/estudios/IPES-Empa(2012)_Diagnostico_Electrodomesticos.pdf

Zeng, C., Niu, D., Li, H., Zhou, T., & Zhao, Y. (2016). Public perceptions and economic values of source-separated collection of rural solid waste: A pilot study in China. Resources, Conservation and Recycling, 107, 166-173.

ANEXOS

ANEXO A. Generación de respel por actividad económica

Cod. CIIU	Rev. 3	Cod. CIIU	Rev. 4	Años					
				2009	2010	2011	2012	2013	2014
2421	Fabricacion de plagucidas y otros productos quimicos de uso agrppecuario	2021	Fabricación de plaguicidas y otros productos químicos de uso agropecuario	1316688	1044062	3116112	1306320	1047062	771957
2693	Fabricación de productos de arcilla y cerámica no refractarias. para uso estructural	2392	Fabricación de materiales de arcilla para la construcción	7322	7639	13475	20444	14554	12236
2729	Fabricación de otros tipos de equipo eléctrico n.c.p.	3190	Fabricación de otros tipos de equipo eléctrico n.c.p.	0	0	217048	0	0	0
1512	Transformación y conservación de pescado y de derivados del pescado	1012	Procesamiento y conservación de pescados. crustáceos y moluscos	1306.58	1604.45	1644.5	3550	2010	0
1593	Producción de malta. elaboración de cervezas y otras bebidas malteadas	1103	Producción de malta. elaboración de cervezas y otras bebidas malteadas	14705.8	10067.9	46526	50753	27479	37995
1810	Fabricación de prendas de vestir. excepto prendas de piel	3290	Otras industrias manufactureras n.c.p.	0	0	0	83758	148986	56613
3512	Construcción y reparación de embarcaciones de recreo y de deporte	3012	Construcción de embarcaciones de recreo y deporte	650	1290	550	1772.8	3315113	7917
2899	Fabricación de otros productos elaborados de metal ncp	2511	Fabricación de productos metálicos para uso estructural	34208.4	72190.5	53984	55923	126879	129824

Generación de residuos peligrosos en Barranquilla Años 2019-2014

2423	Fabricación de productos farmacéuticos. sustancias químicas medicinales y productos botánicos	2100	Fabricación de productos farmacéuticos . sustancias químicas medicinales y productos botánicos de uso farmacéutico	282070	355599	349305	229583	265723	294930
1600	Fabricación de productos de tabaco	1200	Elaboración de productos de tabaco	0	1002	1909	1188	3951	1744
1521	Elaboración de alimentos compuestos principalment e de frutas. legumbres y hortalizas	1020	Procesamient o y conservación de frutas. legumbres. hortalizas y tubérculos	839.51	531.5	2407.69	939.84	563.2	2903.4
2695	Fabricación de artículos de hormigón. cemento y yeso	2395	Fabricación de artículos de hormigón. cemento y yeso	68140	62280.8	73097	84929.3	39062	67821. 9
1530	Elaboración de productos lácteos	1040	Elaboración de productos lácteos	914.5	1826.5	2121	3444.37	2433.5	3426.5

1910	Curtido y preparado de cueros	1511	Curtido y recurtido de cueros; recurtido y teñido de pieles	2650	14680	16775	24953	27710	43067
2529	Fabricación de artículos de plástico ncp	2229	Fabricación de artículos de plástico n.c.p.	1367.3	2617.75	6169.2	4168.5	6567.6	2860.16
2929'	Fabricación de otros tipos de maquinaria de uso especial ncp	2829	Fabricación de otros tipos de maquinaria y equipo de uso especial n.c.p.	0	196	1080	224.02	320.04	321.33
2102	Fabricación de papel y cartón ondulado. fabricación de envases. empaques y de embalajes de papel y	1702	Fabricación de papel y cartón ondulado (corrugado); fabricación de envases. empaques y de embalajes de papel y cartón.	4151	4862.12	4783	3656	5104	9479.6

Generación de residuos peligrosos en Barranquilla Años 2019-2014

2102	Fabricación de papel y cartón ondulado. fabricación de envases. empaques y de embalajes de papel y	1702	Fabricación de papel y cartón ondulado (corrugado); fabricación de envases. empaques y de embalajes de papel y cartón.	4151	4862.12	4783	3656	5104	9479.6
1511	Producción. transformación y conservación de carne y de derivados cárnicos	1011	Procesamiento y conservación de carne y productos cárnicos	2610.03	2697	3096.4	20	2587.9	4241.3
1522	Elaboración de aceites y grasas de origen vegetal y animal	1030	Elaboración de aceites y grasas de origen vegetal y animal	12394.9	6042.3	8826.85	15893.4	20408.1	31293.1
1541	Elaboración de productos de molinería	1051	Elaboración de productos de molinería	212	505	370.15	358.2	612.1	410.2
1749	Fabricación de otros artículos textiles ncp	1399	Fabricación de otros artículos textiles n.c.p.	60	75	18	13	42	0
1543	Elaboración de alimentos preparados para animales	1090	Elaboración de alimentos preparados para animales	705.5	1506.1	912.3	125.8	164.65	6437.85
2424	Fabricación de jabones y detergentes. preparados para limpiar y pulir; perfumes y preparados de to	2023	Fabricación de jabones y detergentes. preparados para limpiar y pulir; perfumes y preparados de tocador	115757	189681	1728.3	534368	211135	45309.8
2030	Fabricación de partes y piezas de carpintería para edificios y construcciónes	1630	Fabricación de partes y piezas de madera. de carpintería y ebanistería para la construcción	0	146	336	9672.9	33854	12752.9
2101	Fabricación de pastas celulósicas; papel y cartón	1701	Fabricación de pulpas (pastas) celulósicas; papel y cartón	8242	12162	10688	18694	19200	18440.5

Generación de residuos peligrosos en Barranquilla Años 2019-2014

				2019	2018	2017	2016	2015	2014
25 19	Fabricación de otros productos de caucho ncp	221 9	Fabricación de formas básicas de caucho y otros productos de caucho	11547.4	11372	20413	18795.1	39974.9	47043.9
15 52	Elaboración de macarrones. fideos. alcuzcuz y productos farináceos similares	108 3	Elaboración de macarrones. fideos. alcuzcuz y productos farináceos similares	1071.86	1057.3	1086.94	1736.9	1849.9	1168.9
24 29	Fabricación de otros productos químicos ncp	202 9	Fabricación de otros productos químicos n.c.p.	673.5	2524	539292.6	2779.1	13661.1	15595
31 90	Fabricación de otros tipos de equipo eléctrico ncp	279 0	Fabricación de otros tipos de equipo eléctrico n.c.p.	10026	10438	10335	1011.9	15925.2	11592
26 94	Fabricación de cemento. cal y yeso	239 4	Fabricación de cemento. cal y yeso	47348.7	48402.5	22882.5	21857.5	4722	59399
85 11	Actividades de las instituciones prestadoras de servicios de salud. con internación	861 0	Actividades de hospitales y clínicas. con internación:	381063	453383	810393.1	1106914	1074677	912129
85 12	Actividades de la práctica médica sin internacion	862 1	Actividades de la práctica médica. sin internación:	228361	397229	0	38117	124673	146430
85 13	Actividades de la práctica odontológica	862 2	Actividades de la práctica odontológica	14651.9	5261	0	6200.5	47835	6533
85 14	Actividades de apoyo diagnóstico	869 1	Actividades de apoyo diagnósti	50	14911.2	232	588107	54063	31716

Generación de residuos peligrosos en Barranquilla Años 2019-2014

				co:						
85 15	Actividades de apoyo terapéutico	869 2	Actividades de apoyo terapéutico:	199	5746	100	3957	25257	33210	
93 03	Pompas fúnebres y actividades conexas	960 3	Pompas fúnebres y actividades relacionadas:	1439	4130. 1	100	14440	19587	15502	
80 11	Educación de la primera infancia:	801 1	Educación de la primera infancia:	0	0	0	46002. 5	22591 9	25005 2	
81 03	Actividades de planes de seguridad social de afiliación obligatoria:	843 0	Actividades de planes de seguridad social de afiliación obligatoria:	0	0	0	11843	687	0	
25 21	Fabricación de formas básicas de plástico	222 1	Fabricación de formas básicas de plástico	13188 6	17052 5	12502 7.2	24857	5351	4000	
39 09	Fabricación de otros tipos de maquinaria y equipo de uso general n.c.p.	281 9	Fabricación de otros tipos de maquinaria y equipo de uso general n.c.p.	46038	100	995	1610.5	589.5	415	
22 10	Fabricación de vidrio y productos de vidrio	231 0	Fabricación de vidrio y productos de vidrio	0	0	0	59517	10912 3	99626	
26 10	Fabricación de vidrio y de productos de vidrio	261 0	Fabricación de vidrio y de productos de vidrio	1344 7	36035	61532. 33	0	0	0	

Generación de residuos peligrosos en Barranquilla Años 2019-2014

Código	Descripción	Código	Descripción	2019	2018	2017	2016	2015	2014
24 22	Fabricación de pinturas. barnices y revestimientos similares. tintas para impresión y masillas	202 2	Fabricación de pinturas. barnices y revestimientos similares. tintas para impresión y masillas	0	0	0	1798	6250	4800
15 89	Elaboración de otros productos alimenticios n.c.p.	108 9	Elaboración de otros productos alimenticios n.c.p.	0	0	0	10	10	10
24 13	Fabricación de plásticos en formas primarias	201 3	Fabricación de plásticos en formas primarias	0	0	0	5776 0	35705	3694 6
15 94	Elaboración de bebidas no alcohólicas. producción de aguas minerales y de otras aguas embotelladas	110 4	Elaboración de bebidas no alcohólicas. producción de aguas minerales y de otras aguas embotelladas	0	0	0	8559 9	27940 .3	5555 .6
15 94	Elaboración de bebidas no alcohólicas; producción de aguas minerales	159 4	Elaboración de bebidas no alcohólicas; producción de aguas minerales	1323 86	17013 .1	173647 .4	0	0	0
29 20	Fabricación de carrocerías para vehículos automotores; fabricación de remolques y semirremolques	342 0	Fabricación de carrocerías para vehículos automotores; fabricación de remolques y semirremolques	0	0	0	1	0	0
32 13	Fabricación de tejidos de punto y ganchillo	139 1	Fabricación de tejidos de punto y ganchillo	0	0	0	178	0	0
21 02	Fabricación de papel y cartón ondulado. fabricación de envases. empaques y de embalajes de papel y	170 2	Fabricación de papel y cartón ondulado (corrugado); fabricación de envases.	4151	4862. 12	4783	3656	5104	9479 .6

Generación de residuos peligrosos en Barranquilla Años 2019-2014

Cód	Actividad	Cód	Actividad						
			empaques y de embalajes de papel y cartón.						
37 10	Industrias básicas de hierro y de acero	241 0	Industrias básicas de hierro y de acero	0	0	0	2291 5	0	
15 89	Elaboración de otros productos alimenticios ncp	NA	NA	690	4315. 21	1268.8 5	0	0	0
26 96	NA	NA	NA	0	70	0	0	0	0
36 14	Fabricación de colchones y somieres	312 0	Fabricación de colchones y somieres	0	840	0	1189	981	0
33 11	Fabricación de instrumentos. aparatos y materiales médicos y odontológicos (incluido mobiliario)	33 11	Fabricación de instrumentos . aparatos y materiales médicos y odontológico s (incluido mobiliario)	420	420	420	72	426	0
28 11	Fabricación de productos metálicos para uso estructural	28 11	Fabricación de productos metálicos para uso estructural	74147. 1	96589. 71	31252. 62	25987	30109 .56	2670 2.4
17 30	Acabado de productos textiles	13 13	Acabado de productos textiles	0	0	0	4	56	82
19 24	Fabricación de partes del calzado	19 26	Fabricación de partes del calzado	1144	0	2545	2395	0	0
50 11	Comercio de vehículos automotores nuevos	45 11	Comercio de vehículos automotores nuevos	12769. 9	0	12769. 9	41444. 85	34889	1800 0
50 20	Mantenimiento y reparación de vehículos automotores	45 20	Mantenimien to y reparación de vehículos automotores	23085	23085	0	5687.1 5	6515	2560
50 30	Comercio de partes. piezas (autopartes) y accesorios (lujos). para vehículos automotores	45 30	Comercio de partes. piezas (autopartes) y accesorios (lujos). para vehículos automotores	11424 7	0	0	1365	2005	2500

Generación de residuos peligrosos en Barranquilla Años 2019-2014

50 51	Comercio al por menor de combustible para automotores	46 61	Comercio al por menor de combustible para automotores	10585 2.89	10585 2.89	10585 2.89	31755 8.67	28057	1560 0
50 52	Comercio al por menor de lubricantes(aceite s.grasas) aditivos y productos de limpieza para vehículos automotores	47 32	Comercio al por menor de lubricantes(a ceites. grasas) aditivos y productos de limpieza para vehículos automotores	21071. 26	21071. 26	0	51444. 4	43186	0
51 51 -	Comercio al por mayor de combustibles sólidos. líquidos. gaseosos y productos conexos	46 61	Comercio al por mayor de combustibles sólidos. líquidos. gaseosos y productos conexos	19049 1.7	19049 1.7	19049 1.7	660	60851	4356 9
51 53	Comercio al por mayor de productos químicos básicos. plástico y caucho en formas primarias y productos químicos de uso agropecuario	46 64	Comercio al por mayor de productos químicos básicos. plástico y caucho en formas primarias y productos químicos de uso agropecuario	1177.3	1177.3	1177.3	1598.4 5	931	1890
51 55 -	Comercio al por mayor de desperdicios o desechos industriales y material para reciclaje	46 65	Comercio al por mayor de desperdicios o desechos industriales y material para reciclaje	2089	2089	2089	789	0	340
51 61	Comercio al por mayor de maquinaria y equipo para la agricultura. minería. construcción y la industria	46 50	Comercio al por mayor de maquinaria y equipo para la agricultura. minería. construcción y la industria	970	970	970	611	901	850

Generación de residuos peligrosos en Barranquilla Años 2019-2014

52 31	Comercio al por menor de productos farmacéuticos. medicinales. y odontológicos. artículos de perfumería. cosméticos y de tocador. en establecimientos especializados	47 73	Comercio al por menor de productos farmacéuticos. medicinales. y odontológicos. artículos de perfumería. cosméticos y de tocador. en establecimientos especializados	2985	2985	2985	3480	10199	1230 0
60 21	Transporte urbano colectivo regular de pasajeros	49 21	Transporte urbano colectivo regular de pasajeros	296.19	296.19	296.19	1834	2107	1980
60 42	Transporte intermunicipal de carga por carretera	49 23	Transporte intermunicipal de carga por carretera	12635. 82	12635. 82	12635. 82	5009	5928	7345
63 20	Almacenamiento y depósito	52 10	Almacenamiento y depósito	30832 1	30832 1	30832 1	1182.7 5	1512	1800
64 26	Servicios relacionados con las telecomunicaciones		Servicios relacionados con las telecomunicaciones	5259.0 4	5259.0 4	5259.0 4	1395.7 4	0	650
74 95	Actividades de envase y empaque		Actividades de envase y empaque	747.25	747.25	747.25	0	0	0
80 50	Educación superior		Educación superior	540	540	540	65	0	0
Nu lo	Nulo	33 11	Mantenimiento y reparación especializado de productos elaborados en metal	0	0	0	0	2995	1234
Nu lo	Nulo	43 22	Instalaciones de fontanería. calefacción y aire acondicionado	0	0	0	0	2326	4230
Nu lo	Nulo	43 29	Otras instalaciones especializada	0	0	0	0	480.5	321

Generación de residuos peligrosos en Barranquilla Años 2019-2014

		s							
Nu lo	Nulo	43 30	Terminación y acabado de edificios y obras de ingeniería civil	0	0	0	0	112	2345
Nu lo	Nulo	45 42	Mantenimiento y reparación de motocicletas	0	0	0	0	1370	0

Revisión 3 del código CIUU fue adoptada en el año 2005 hasta el año 2011. La revisión 4 del código CIIU inicia a regir desde el año 2012, hasta la actualidad (ONU, 2002).

ANEXO B. Formato acta de visita empresas

Fecha de Visita									
Nombre o razón social de la empresa									
Nit									
Representante legal									
Código CIIU									
Dirección									
Teléfono									
Fax									
Correo electrónico									
No empleados									
Horario Laboral ó turnos									
Tipo de empresa	Grande		Mediana		Pequeña		Micro		

DESCRIPCIÓN DE LAS ACTIVIDADES DESARROLLADAS EN LA EMPRESA

LICENCIA, PERMISOS O SEGUIMIENTOS						
	SI	**NO**		**RESOLUCION**		
Licencia ambiental			No		Fecha	
Seguimiento manejo RH			No		Fecha	
Seguimiento manejo respel			No		Fecha	
Otros ¿Cuáles?						
1			No		Fecha	
2			No		Fecha	
3			No		Fecha	

Generación de residuos peligrosos en Barranquilla Años 2019-2014

CUENTA CON	Si/No	Presentado si/no	No Rad	Fecha	Aprobado Si/No	No Resolución
Conformación de DGA						
PGIRP			NO APLICA			
PGIRHS						
Plan de contingencia RESPEL						
Registro como generador RESPEL						
Registro único ambienta-RUA-						
EIA						
PMA						
INSUMOS O MATERIAS PRIMAS						
1	6					
2	7					
3	8					
4	9					
5	10					

Realiza mantenimiento a equipos, tipo de mantenimiento, frecuencia, cantidad de equipos y demás información

Con que empresa posee contrato para Respel	
¿Realiza visitas de seguimiento a estas empresas? ¿Frecuencia?	

Tipos de Residuos peligrosos que entrega según recibos de recolección, anexar copia

¿Existen otros residuos peligrosos generados en la empresa que no entrega para tratamiento y disposición final? ¿Cuáles?

Cantidad de entrega últimos seis meses Respel Sólidos				
Cantidad de entrega últimos seis meses Respel líquidos				
Frecuencia de entrega				
Realiza práctica de reciclaje?				

Generación de residuos peligrosos en Barranquilla Años 2019-2014

Que materiales recicla							
Empresa a quien entrega							
Cantidades promedio mes							
Cuenta con recipientes Respel en las áreas de la empresa?							
¿Cuenta con otros recipientes? ¿Cuáles?							
Cuenta con sitio de almacenamiento para residuos?							
Existe separación de residuos peligrosos y no peligrosos en el sitio de almacenamiento?							
Cuenta con Dique de contención Respel Líquidos							
Características del sitio de almacenamiento	**Si/No**	**Especificaciones**					
Cerrado		Tipo cerramiento					
Entechado		Tipo					
Ventilado		Tipo					
Extractores		Cantidad					
Iluminación		Tipo					
Extintores		Cantidad	Tipo			Fecha	
Recipientes		Cantidad	Color, Tamaño, Capacidad, Material.				
Señalización		Tipo de señalización que posee					
Paredes y Pisos		Tipo					
Báscula							
Estado general del sitio de almacenamiento							

ANEXO C. Generación de respel por corriente de residuo

C1: ESTADO SOLIDO

Solido/Semi-solido (kg)						
Corriente de Residuo o Desecho Peligroso	2009	2010	2011	2012	2013	2014
Y1 - Desechos clínicos resultantes de la atención médica prestada en hospitales. centros médicos y clínicas.	715795	986907.8	810705	1808154	1572010	1485997
Y2 - Desechos resultantes de la producción y preparación de productos farmacéuticos.	525	658	3431	6006	7720	17302
Y3 - Desechos de medicamentos y productos farmacéuticos.	195107	276371	242343	163748	202227.2	218789
Y4 - Desechos resultantes de la producción. la preparación y la utilización de biocidas y productos fitofarmacéuticos.	250729	187837	417191.3	649069.5	442516.1	1870
Y6 - Desechos resultantes de la producción. la preparación y la utilización de disolventes orgánicos.	156850	185941.5	125572.5	87520.9	72249.2	71523.7
Y8 - Desechos de aceites minerales no aptos para el uso a que estaban destinados.	110431	94186	15023.4	18704.7	41766.6	21855.9
Y9 - Mezclas y emulsiones de desechos de aceite y agua o de hidrocarburos y agua.	7798.31	9714.97	76659.1	15289.4	13009.6	40914.2
Y10 - Sustancias y artículos de desecho que contengan. o estén contaminados por. bifenilos policlorados (PCB). terfenilos policlorados (PCT) o bifenilos polibromados (PBB).	0	2860	130	0	668	26453
Y12 - Desechos resultantes de la producción. preparación y utilización de tintas. colorantes. pigmentos. pinturas. lacas o barnices.	26750.2	72748.08	143869.7	176575.3	278550.3	271068.2

Corriente de Residuo o Desecho Peligroso						
Y13 - Desechos resultantes de la producción. preparación y utilización de resinas. látex. plastificantes o colas y adhesivos.	11986.2	11838.16	15808.5	13555.2	3769.65	13373.7
Y14 - Sustancias químicas de desecho. no identificadas o nuevas. resultantes de la investigación y el desarrollo o de las actividades de enseñanza y cuyos efectos en el ser humano o el medio ambiente no se conozcan.	48.7	316.9	16.5	0	14	13
Y16 - Desechos resultantes de la producción. preparación y utilización de productos químicos y materiales para fines fotográficos.	0	240	0	0	0	0
Y17 - Desechos resultantes del tratamiento de superficie de metales y plásticos.	150	480	0	1752	858.41	572.51
Y18 - Residuos resultantes de las operaciones de eliminación de desechos industriales.	7151	148985	585587.1	846640.5	734187.2	727516

Solido/Semisólido (kg)						
Corriente de Residuo o Desecho Peligroso	**2009**	**2010**	**2011**	**2012**	**2013**	**2014**
Y22 - Desechos que tengan como constituyentes: Compuestos de cobre.	45000	0	0	0	0	0
Y23 - Desechos que tengan como constituyentes: Compuestos de zinc.	3613.2	10890	27157.9	13810	17666	12302
Y26 - Desechos que tengan como constituyentes: Cadmio. compuestos de cadmio.	0	0	0	0	189	120
Y29 - Desechos que tengan como constituyentes: Mercurio. compuestos de mercurio.	2579.19	2835.4	3438.46	2954.15	3685.55	1723.93
Y31 - Desechos que tengan como constituyentes: Plomo. compuestos de plomo.	6724	3564.8	7487.5	1844.5	7425.54	1615.7
Y32 - Desechos que tengan como constituyentes compuestos inorgánicos de flúor. con exclusión del fluoruro cálcico	204	134	137	72	49	92
Y34 - Desechos que tengan como constituyentes: Soluciones ácidas o ácidos en forma sólida.	1527.5	1128	749.5	1272	1413	473.6
Y35 - Desechos que tengan como constituyentes: Soluciones básicas o bases en forma sólida.	2096.5	1255.5	1374	1276.5	1136.4	35.7

Generación de residuos peligrosos en Barranquilla Años 2019-2014

Y36 - Desechos que tengan como constituyente Asbesto (polvo y fibras).	211	4058	3300	55	775	0
Y39 - Desechos que tengan como constituyentes: Fenoles. compuestos fenólicos. con inclusión de clorofenoles.	5000	21417	4705	38978	92316.45	54428
Y40 - Desechos que tengan como constituyentes: Éteres.	0	1145.58	686	0	0	0
Y42 - Desechos que tengan como constituyentes: Disolventes orgánicos. con exclusión de disolventes halogenados.	0	0	0	0	0	0
Y45 - Desechos que tengan como constituyentes: Compuestos organohalogenados. que no sean las sustancias mencionadas en Y39. Y41. Y42. Y43. Y44).	0	14	1390	0	0	0
A1010 - Desechos metálicos y desechos que contengan aleaciones de cualquiera de las sustancias siguientes: Antimonio. Arsénico. Berilio. Cadmio. Plomo. Mercurio. Selenio. Telurio. Talio. pero excluidos los desechos que figuran específicamente en la lista B.	90	29	226	10.1	8	35.1
A1020 - Desechos que tengan como constituyentes o contaminantes. excluidos los desechos de metal en forma masiva. cualquiera de las sustancias siguientes: - Antimonio	0	0	0	7	146.45	1261.2
A1030 - Desechos que tengan como constituyentes o contaminantes cualquiera de las sustancias siguientes: - Arsénico	0	0	16	79995.7	275.4	0

Solido/Semisólido (kg)						
Corriente de Residuo o Desecho Peligroso	2009	2010	2011	2012	2013	2014
A1160 - Acumuladores de plomo de desecho. enteros o triturados.	914.2	953.2	2589	120.84	856.7	700
A1170 - Acumuladores de desecho sin seleccionar excluidas mezclas de acumuladores sólo de la lista B. Los acumuladores de desecho no incluidos en la lista B que contengan constituyentes del Anexo I en tal grado que los conviertan en peligrosos.	0	0	208.67	6011.32	3	10

Generación de residuos peligrosos en Barranquilla Años 2019-2014

A1180 - Montajes eléctricos y electrónicos de desecho o restos de éstos que contengan componentes como acumuladores y otras baterías incluidos en la lista A. interruptores de mercurio. vidrios de tubos de rayos catódicos y otros vidrios activados y capacitadores de PCB. o contaminados con constituyentes del Anexo I (por ejemplo. cadmio. mercurio. plomo. bifenilo policlorado) en tal grado que posean alguna de las características del Anexo III (véase la entrada correspondiente en la lista B B1110) .	3856	2457.45	8559.15	1488	3754.7	6989.95
A2010 - Desechos de vidrio de tubos de rayos catódicos y otros vidrios activados.	569	1073.6	3916.54	14915	1370.8	1386
A2030 - Desechos de catalizadores. pero excluidos los desechos de este tipo especificados en la lista B.	1407	0	0	0	4015	0
A2050-Desechos de amianto (polvo y fibras).	440	0	21	106.5	0	0
A2060 - Cenizas volantes de centrales eléctricas de carbón que contengan sustancias del Anexo I en concentraciones tales que presenten características del Anexo III (véase la entrada correspondiente en la lista B B2050).	0	0	106.5	75	0	4495.3
A3020 - Aceites minerales de desecho no aptos para el uso al que estaban destinados.	8365.33	3259	4399.17	0	5518.4	19895
A3030 - Desechos que contengan. estén integrados o estén contaminados por lodos de compuestos antidetonantes con plomo.	0	0	0	0	0	0
A3040 - Desechos de líquidos térmicos (transferencia de calor).	0	146	13.5	0	0	0
A3050 - Desechos resultantes de la producción. preparación y utilización de resinas. látex. plastificantes o colas/adhesivos excepto los desechos especificados en la lista B (véase el apartado correspondiente en la lista B B4020).	7107	10	0	34.1	0	0
A3070 - Desechos de fenoles. compuestos fenólicos. incluido el clorofenol en forma de líquido o de lodo.	0	0	0	0	0	3

Generación de residuos peligrosos en Barranquilla Años 2019-2014

Corriente de Residuo o Desecho Peligroso	Solido/Semisolido (kg)					
	2009	2010	2011	2012	2013	2014
A3180 - Desechos. sustancias y artículos que contienen. consisten o están contaminados con bifenilo policlorado (PCB). terfenilo policlorado (PCT). naftaleno policlorado (PCN) o bifenilo polibromado (PBB). o cualquier otro compuesto polibromado análogo. con una con una concentración de igual o superior a 50 mg/Kg.	0	0	0	3342,2	0	0
A3200 - Material bituminoso (desechos de asfalto) con contenido de alquitrán resultantes de la construcción y el mantenimiento de carreteras (obsérvese el artículo correspondiente B2130 de la lista B).	0	0	0	0	790	0
A4020 - Desechos clínicos y afines	5740	6093,8	5688,83	273831,8	8008	7443,1
A4030 - Desechos resultantes de la producción. la preparación y la utilización de biocidas y productos fitofarmacéuticos. con inclusión de desechos de plaguicidas y herbicidas que no respondan a las especificaciones. caducados . en desuso o no aptos para el uso previsto originalmente.	3217,56	29747	419973,9	14642	2055,64	3442
A4040 - Desechos resultantes de la fabricación. preparación y utilización de productos químicos para la preservación de la madera .	3045	0	0	2122	0	0
A4060 - Desechos de mezclas y emulsiones de aceite y agua o de hidrocarburos y agua.	7573,5	33689	5231	3	30017,2	8813,3

Generación de residuos peligrosos en Barranquilla Años 2019-2014

A4070 - Desechos resultantes de la producción. preparación y utilización de tintas. colorantes. pigmentos. pinturas. lacas o barnices. con exclusión de los desechos especificados en la lista B (véase el apartado correspondiente de la lista B B4010).	6575,95	15341,3	9570,6	119413,2	8232,2	7218

Generación de residuos peligrosos en Barranquilla Años 2019-2014

Solido/Semisólido (kg)						
Corriente de Residuo o Desecho Peligroso	2009	2010	2011	2012	2013	2014
A4100 - Desechos resultantes de la utilización de dispositivos de control de la contaminación industrial para la depuración de los gases industriales. pero con exclusión de los desechos especificados en la lista B.	166.5	166.5	0	0	0	0
A4130 - Envases y contenedores de desechos que contienen sustancias incluidas en el Anexo I. en concentraciones suficientes como para mostrar las características peligrosas del Anexo III.	290289	192486.5	334348.9	3540	90775.75	120790.3
A4140 - Desechos consistentes o que contienen productos químicos que no responden a las especificaciones o caducados correspondientes a las categorías del anexo I. y que muestran las características peligrosas del Anexo III.	17935.3	1996.91	209712.9	0	11259.9	27184.55
A4150 - Sustancias químicas de desecho. no identificadas o nuevas. resultantes de la investigación y el desarrollo o de las actividades de enseñanza y cuyos efectos en el ser humano o el medio ambiente no se conozcan.	0	0	0	0	0	0
A4160 - Carbono activado consumido no incluido en la lista B (véase el correspondiente apartado de la lista B B2060).	2223	0	6.3	0	1545	3774

C.2: ESTADO LIQUIDO

Liquido (kg)

Generación de residuos peligrosos en Barranquilla Años 2019-2014

Corriente de Residuo o Desecho Peligroso	2009	2010	2011	2012	2013	2014
Y1 - Desechos clínicos resultantes de la atención médica prestada en hospitales. centros médicos y clínicas.	1828.4	4431.2	5489	700000	495000	445000
Y2 - Desechos resultantes de la producción y preparación de productos farmacéuticos.	0	40283	0	265955	42175	0
Y5 - Desechos resultantes de la fabricación. preparación y utilización de productos químicos para la preservación de la madera.	0	0	0	302	0	0
Y6 - Desechos resultantes de la producción. la preparación y la utilización de disolventes orgánicos.	33748	57280	21852	115506	10968	18186.3
Y8 - Desechos de aceites minerales no aptos para el uso a que estaban destinados.	31971.4	39982.6	53606.4	56850.85	48793.53	51734.9
Y9 - Mezclas y emulsiones de desechos de aceite y agua o de hidrocarburos y agua.	101941.6	210738.9	75295.1	128929.4	112578	95672
Y10 - Sustancias y artículos de desecho que contengan. o estén contaminados por. bifenilos policlorados (PCB). terfenilos policlorados (PCT) o bifenilos polibromados (PBB).	0	0	0	0	0	11750
Y12 - Desechos resultantes de la producción. preparación y utilización de tintas. colorantes. pigmentos. pinturas. lacas o barnices.	6000	33705.62	220057.4	18302.5	277831	15939

Generación de residuos peligrosos en Barranquilla Años 2019-2014

Y13 - Desechos resultantes de la producción. preparación y utilización de resinas. látex. plastificantes o colas y adhesivos.	0	0	0	7974	7835	0
Y14 - Sustancias químicas de desecho. no identificadas o nuevas. resultantes de la investigación y el desarrollo o de las actividades de enseñanza y cuyos efectos en el ser humano o el medio ambiente no se conozcan.	0	0	12	0	0	0
Y16 - Desechos resultantes de la producción. preparación y utilización de productos químicos y materiales para fines fotográficos.	0	232.5	0	0	0	0
Y17 - Desechos resultantes del tratamiento de superficie de metales y plásticos.	5600	6000	0	0	0	0
Y31 - Desechos que tengan como constituyentes: Plomo. compuestos de plomo.	0	360	980	0	0	0
Y32 - Desechos que tengan como constituyentes compuestos inorgánicos de flúor. con exclusión del fluoruro cálcico	0	0	0	0	0	0
Y34 - Desechos que tengan como constituyentes: Soluciones ácidas o ácidos en forma sólida.	70	66	995	360.38	51	28.45
Y35 - Desechos que tengan como constituyentes: Soluciones básicas o bases en forma sólida.	35	38350	640	2107	2184.1	525.6
Y41 - Desechos que tengan como	4.35	2.3	405.2	83.7	141	0

constituyentes: Solventes orgánicos halogenados.						
Y42 - Desechos que tengan como constituyentes: Disolventes orgánicos. con exclusión de disolventes halogenados.	525	695	1560.1	17107.8	969.2	249
A1060 - Líquidos de desecho del decapaje de metales.	0	0	0	0	11557.8	13455.7
A2010 - Desechos de vidrio de tubos de rayos catódicos y otros vidrios activados.	0	0	0	630	0	0

Liquido (kg)						
Corriente de Residuo o Desecho Peligroso	**2009**	**2010**	**2011**	**2012**	**2013**	**2014**
A3020 - Aceites minerales de desecho no aptos para el uso al que estaban destinados.	13501.78	2922	11771	0	178767	51140
A3040 - Desechos de líquidos térmicos (transferencia de calor).	0	0	319	0	200	1429
A3130 - Desechos de compuestos de fósforo orgánicos.	0	0	0	19570	0	0
A3140 - Desechos de disolventes orgánicos no halogenados pero con exclusión de los desechos especificados en la lista B.	9540	17110	7021.35	0	15200	202
A4010 - Desechos resultantes de la producción. preparación y utilización de productos farmacéuticos. pero con exclusión de los desechos especificados en la lista B.	0	700	960	0	0	0
A4020 - Desechos clínicos y afines	0	9000	45000	0	0	0
A4030 - Desechos resultantes de la producción. la preparación y la utilización de biocidas y productos fitofarmacéuticos. con inclusión de desechos de plaguicidas y herbicidas que no respondan a las especificaciones. caducados . en desuso o no aptos para el uso previsto originalmente.	112066	116822	0	4020	0	0
A4060 - Desechos de mezclas y emulsiones de aceite y agua o de hidrocarburos y agua.	865	4041.8	5186	0	630	4963.4
A4070 - Desechos resultantes de la producción. preparación y utilización de tintas. colorantes. pigmentos. pinturas. lacas o barnices. con exclusión de los desechos especificados en la	1000	0	11.93	6772	171	0

Generación de residuos peligrosos en Barranquilla Años 2019-2014

lista B (véase el apartado correspondiente de la lista B B4010).						
A4090 - Desechos de soluciones ácidas o básicas. distintas de las especificadas en el apartado correspondiente de la lista B (véase el apartado correspondiente de la lista B B2120).	16745	105035	102418.5	300	342.4	2964.8
A4120 - Desechos que contienen. consisten o están contaminados con peróxidos	0	0	0	737.16	7.65	10
A4130 - Envases y contenedores de desechos que contienen sustancias incluidas en el Anexo I. en concentraciones suficientes como para mostrar las características peligrosas del Anexo III.	0	600	595	119	11708	0
A4140 - Desechos consistentes o que contienen productos químicos que no responden a las especificaciones o caducados correspondientes a las categorías del anexo I. y que muestran las características peligrosas del Anexo III.	0	0	0	0	133	0

ANEXO D. Reaultados para análisis por tipo de disposición de respel

D:1 DISÓSICIÓN EN CELDA DE SEGURIDAD

Corriente de Residuos	Año					
	2009	2010	2011	2012	2013	2014
Y1 - Desechos clínicos resultantes de la atención médica prestada en hospitales. centros médicos y clínicas.	516	571	2797	652152	2145	5
Y3 - Desechos de medicamentos y productos farmacéuticos.	0	16457	242343	7929	1766	0
Y6 - Desechos resultantes de la producción. la preparación y la utilización de disolventes orgánicos.	9489	5939	25028	2031	78394	3857
Y8 - Desechos de aceites minerales no aptos para el uso a que estaban destinados.	11454	15342	1219	11371.6	18328	0
Y9 - Mezclas y emulsiones de desechos de aceite y agua o de hidrocarburos y agua.	1950	2058	7622	31136	29033	20681
Y12 - Desechos resultantes de la producción. preparación y utilización de tintas. colorantes. pigmentos. pinturas. lacas o barnices.	5148.2	32914	214809	166310.5	264096	14947.8
Y13 - Desechos resultantes de la producción. preparación y utilización de resinas. látex. plastificantes o colas y adhesivos.		451	15627	19294.3	8818	3078
Y18 - Residuos resultantes de las operaciones de eliminación de desechos industriales.	6	0	151	265853	173568	98.81
Y29 - Desechos que tengan como constituyentes: Mercurio. compuestos de mercurio.	464.6	976	1754.1	1415.7	1674.1	
Y34 - Desechos que tengan como constituyentes: Soluciones ácidas o ácidos en forma sólida.		88	413	36	150	236.8
Y35 - Desechos que tengan como constituyentes: Soluciones básicas o bases en forma sólida.	459	38350	623	2107	2239.6	5
Y36 - Desechos que tengan como constituyente Asbesto (polvo y fibras).	211		3300	55	774	5

Generación de residuos peligrosos en Barranquilla Años 2019-2014

Y39 - Desechos que tengan como constituyentes: Fenoles. compuestos fenólicos. con inclusión de clorofenoles.	0	21456	4705	38978	92175	5
A1010 - Desechos metálicos y desechos que contengan aleaciones de cualquiera de las sustancias siguientes: Antimonio. Arsénico. Berilio. Cadmio. Plomo. Mercurio. Selenio. Telurio. Talio. pero excluidos los desechos que figuran específicamente en la lista B.		29	226	10.1	1	5
A1120 - Lodos residuales. excluidos los fangos anódicos. de los sistemas de depuración electrolítica de las operaciones de refinación y extracción electrolítica del cobre.	11751		202227	501.7	21865	5

	Año					
Corriente de Residuos	**2009**	**2010**	**2011**	**2012**	**2013**	**2014**
A2010 - Desechos de vidrio de tubos de rayos catódicos y otros vidrios activados.	546.5	442.6	106.95	1221	1112	5
A4070 - Desechos resultantes de la producción. preparación y utilización de tintas. colorantes. pigmentos. pinturas. lacas o barnices. con exclusión de los desechos especificados en la lista B (véase el apartado correspondiente de la lista B B4010).	1511.3	0	1280	1348	5141	2800
A4090 - Desechos de soluciones ácidas o básicas. distintas de las especificadas en el apartado correspondiente de la lista B (véase el apartado correspondiente de la lista B B2120).	962	1257.3	1154	49	0	5
A4140 - Desechos consistentes o que contienen productos químicos que no responden a las especificaciones o caducados correspondientes a las categorías del anexo I. y que muestran las características peligrosas del Anexo III.	30	15817	17478	5	638	5

D:2 DISPOSICIÓN TÉRMICA

	Años					
Corrientes de Residuos	**2009**	**2010**	**2011**	**2012**	**2013**	**2014**
Y1 - Desechos clínicos resultantes de la atención médica prestada en hospitales. centros	625766	882527	812815	1817021	1817068	1485991.4

Generación de residuos peligrosos en Barranquilla Años 2019-2014

médicos y clínicas.						
Y4 - Desechos resultantes de la producción. la preparación y la utilización de biocidas y productos fitofarmacéuticos.	68754	187477	40.3	69.5	282	1870
Y6 - Desechos resultantes de la producción. la preparación y la utilización de disolventes orgánicos.	53933	57280	22076	141102.7	39495	52327
Y8 - Desechos de aceites minerales no aptos para el uso a que estaban destinados.	54278	83250	1313.95	82.1	4127	20022
Y9 - Mezclas y emulsiones de desechos de aceite y agua o de hidrocarburos y agua.	9341	22504	24060.4	53069.83	59411	18430
Y12 - Desechos resultantes de la producción. preparación y utilización de tintas. colorantes. pigmentos. pinturas. lacas o barnices.	9891.61	1954	11184.7	8280.46	9150	4706.8
Y18 - Residuos resultantes de las operaciones de eliminación de desechos industriales.	7145	148885	432870	565716.5	406354	853347
Y29 - Desechos que tengan como constituyentes: Mercurio. compuestos de mercurio.	19	51	28.45	0	1	0
Y42 - Desechos que tengan como constituyentes: Disolventes orgánicos. con exclusión de disolventes halogenados.	0	0	229	16360	928	207

Generación de residuos peligrosos en Barranquilla Años 2019-2014

Corrientes de Residuos	Años					
	2009	2010	2011	2012	2013	2014
A2010 - Desechos de vidrio de tubos de rayos catódicos y otros vidrios activados.	0	0	2030	267	118	227
A3020 - Aceites minerales de desecho no aptos para el uso al que estaban destinados.	2510	3235	4253	3873	5220	2066
A4020 - Desechos clínicos y afines	3279	0	0	7055.5	7517	6940.1
A4030 - Desechos resultantes de la producción. la preparación y la utilización de biocidas y productos fitofarmacéuticos. con inclusión de desechos de plaguicidas y herbicidas que no respondan a las especificaciones. caducados . en desuso o no aptos para el uso previsto originalmente.	115248.56	6038.8	99.83	2969.2	1755	3003
A4060 - Desechos de mezclas y emulsiones de aceite y agua o de hidrocarburos y agua.	4847	0	0	2220.8	1540	5888
A4070 - Desechos resultantes de la producción. preparación y utilización de tintas. colorantes. pigmentos. pinturas. lacas o barnices. con exclusión de los desechos especificados en la lista B (véase el apartado correspondiente de la lista B B4010).	6330	33553	1412	13294	234	3988
A4090 - Desechos de soluciones ácidas o básicas. distintas de las especificadas en el apartado correspondiente de la lista B (véase el apartado correspondiente de la lista B B2120).	16745	9150	7452	8771	766	0
A4130 - Envases y contenedores de desechos que contienen sustancias incluidas en el Anexo I. en concentraciones suficientes como para mostrar las características peligrosas del Anexo III.	259047	0	0	6953.6	72656	101495.3
A4140 - Desechos consistentes o que contienen productos químicos que no responden a las especificaciones o caducados correspondientes a las categorías del anexo I. y que muestran las características peligrosas del Anexo III.	16554	165087	158001	0	857.5	27801.25

Generación de residuos peligrosos en Barranquilla Años 2019-2014

A4150 - Sustancias químicas de desecho. no identificadas o nuevas. resultantes de la investigación y el desarrollo o de las actividades de enseñanza y cuyos efectos en el ser humano o el medio ambiente no se conozcan.	0		110	140746	3540	0	0

D:3 DISPOSICIÓN NO DEFINIDA

Corrientes de Residuos	Años					
	2009	2010	2011	2012	2013	2014
Y2 - Desechos resultantes de la producción y preparación de productos farmacéuticos.	525	40283	1980	267069	42168	17302
Y3 - Desechos de medicamentos y productos farmacéuticos.	4861	0	0	155819	201638	8531
Y6 - Desechos resultantes de la producción. la preparación y la utilización de disolventes orgánicos.	127262	179911	100320.5	57760	2080	39691
Y8 - Desechos de aceites minerales no aptos para el uso a que estaban destinados.	21049	25105	4216.6	1071.9	39453	24569.6
Y9 - Mezclas y emulsiones de desechos de aceite y agua o de hidrocarburos y agua.	72947	123763	30842.5	22870	6316	73100.4
Y12 - Desechos resultantes de la producción. preparación y utilización de tintas. colorantes. pigmentos. pinturas. lacas o barnices.	3615	42019	5316.13	49124	11826	250850
Y13 - Desechos resultantes de la producción. preparación y utilización de resinas. látex. plastificantes o colas y adhesivos.	11716	30906	182	188	6	12297
Y18 - Residuos resultantes de las operaciones de eliminación de desechos industriales.	0	40	11940	4140	10533	30249.9
Y19 - Desechos que tengan como constituyentes: Metales carbonilos.	12480	75	0	0	0	75.1
Y22 - Desechos que tengan como constituyentes: Compuestos de cobre.	0	00	0	0	0	0
Y23 - Desechos que tengan como constituyentes: Compuestos de zinc.	54.5	10890	0	7	6	57.6
Y29 - Desechos que tengan como constituyentes: Mercurio. compuestos de mercurio.	1944.4	1725.1	1550.6	8643	1139	1291.11
Y31 - Desechos que tengan como constituyentes: Plomo. compuestos de plomo.	1292.6	753.5	644.5	1506.5	4522.8	731
Y34 - Desechos que tengan como constituyentes: Soluciones ácidas o ácidos en forma sólida.	809	1103	1323	1596.5	1336	265.25
Y35 - Desechos que tengan como constituyentes: Soluciones básicas o bases en forma sólida.	316	228.5	1123.1	1276.5	168	561.3
Y42 - Desechos que tengan como constituyentes: Disolventes orgánicos. con exclusión de disolventes halogenados.	525	695	1323	747.8	0	42

Generación de residuos peligrosos en Barranquilla Años 2019-2014

Corrientes de Residuos	Años					
	2009	2010	2011	2012	2013	2014
A1160 - Acumuladores de plomo de desecho. enteros o triturados.	320	0	1950	990	480	14003 .7
A1180 - Montajes eléctricos y electrónicos de desecho o restos de éstos que contengan componentes como acumuladores y otras baterías incluidos en la lista A. interruptores de mercurio. vidrios de tubos de rayos catódicos y otros vidrios activados y capacitadores de PCB. o contaminados con constituyentes del Anexo I (por ejemplo. cadmio. mercurio. plomo. bifenilo policlorado) en tal grado que posean alguna de las características del Anexo III (véase la entrada correspondiente en la lista B B1110) .	976	307.8 5	2206	2234	1552	1858. 3
A2010 - Desechos de vidrio de tubos de rayos catódicos y otros vidrios activados.	0	134	1609. 8	0	141	1159
A2030 - Desechos de catalizadores. pero excluidos los desechos de este tipo especificados en la lista B.	560	1000	950	1551 5	1204 0	64
A2050-Desechos de amianto (polvo y fibras).	0	0	21	0	0	0
A3020 - Aceites minerales de desecho no aptos para el uso al que estaban destinados.	447. 33	109	971	76	1686 72	68128 .8
A4020 - Desechos clínicos y afines	159	700	960	738.0 1	480	503
A4030 - Desechos resultantes de la producción. la preparación y la utilización de biocidas y productos fitofarmacéuticos. con inclusión de desechos de plaguicidas y herbicidas que no respondan a las especificaciones. caducados . en desuso o no aptos para el uso previsto originalmente.	35	9050	4518 0	1	310.6 4	439
A4040 - Desechos resultantes de la fabricación. preparación y utilización de productos químicos para la preservación de la madera .	3045	1211 85	87	0	0	0
A4060 - Desechos de mezclas y emulsiones de aceite y agua o de hidrocarburos y agua.	2726 .5	0	0	2671 97	204	5144. 2
A4070 - Desechos resultantes de la producción. preparación y utilización de tintas. colorantes. pigmentos. pinturas. lacas o barnices. con exclusión de los desechos especificados en la lista B (véase el apartado correspondiente de la lista B B4010).	2	4177	4455	0	171	429.9

A4090 - Desechos de soluciones ácidas o básicas. distintas de las especificadas en el apartado correspondiente de la lista B (véase el apartado correspondiente de la lista B B2120).	35.35	124	30.86	74	102.9	2964
A4100 - Desechos resultantes de la utilización de dispositivos de control de la contaminación industrial para la depuración de los gases industriales. pero con exclusión de los desechos especificados en la lista B.	166.5	103359	150005	3	0	0

	Años					
Corrientes de Residuos	2009	2010	2011	2012	2013	2014
A4130 - Envases y contenedores de desechos que contienen sustancias incluidas en el Anexo I. en concentraciones suficientes como para mostrar las características peligrosas del Anexo III.	30917	0	0	7	21355	7961.25
A4140 - Desechos consistentes o que contienen productos químicos que no responden a las especificaciones o caducados correspondientes a las categorías del anexo I. y que muestran las características peligrosas del Anexo III.	1208	1091	241	0	9868	49

D:4 TRATAMIENTO R1: UTILIZACIÓN COMO COMBUSTIBLE (QUE NO SEA EN LA INCINERACIÓN DIRECTA) U OTROS MEDIOS DE GENERAR ENERGÍA

	Año					
Corriente de Residuo	2009	2010	2011	2012	2013	2014
Y8 - Desechos de aceites minerales no aptos para el uso a que estaban destinados.	2886.8	3554	3872	5119.6	6320	7444

D:5 TRATAMIENTO R2: RECUPERACIÓN O REGENERACIÓN DE DISOLVENTES

	Año					
Corriente de Residuo	2009	2010	2011	2012	2013	2014
A3140 - Desechos de disolventes orgánicos no halogenados pero con exclusión de los desechos especificados en la lista B.	0	17110	4180	19570	0	0

D:6 TRATAMIENTO R3: RECICLADO O RECUPERACIÓN DE SUSTANCIAS ORGÁNICAS QUE NO SE UTILIZAN COMO DISOLVENTES

Corriente de residuos	Año					
	2009	2010	2011	2012	2013	2014
Y8 - Desechos de aceites minerales no aptos para el uso a que estaban destinados.	0	0	25	1153	230	172.4

D.7 TRATAMIENTO R4:RECICLADO O RECUPERACIÓN DE METALES Y COMPUESTOS METÁLICOS

Corrientes de Residuos	Años					
	2009	2010	2011	2012	2013	2014
Y18 - Residuos resultantes de las operaciones de eliminación de desechos industriales.	0	0	60	10931	1226	14493.6
Y31 - Desechos que tengan como constituyentes: Plomo. compuestos de plomo.	794.84	1183	4724	338	1217	633
A1180 - Montajes eléctricos y electrónicos de desecho o restos de éstos que contengan componentes como acumuladores y otras, baterías incluidos en la lista A. interruptores de mercurio. vidrios de tubos de rayos catódicos y otros vidrios activados y capacitadores de PCB. o contaminados con constituyentes del Anexo I (por ejemplo. cadmio. mercurio. plomo. bifenilo policlorado) en tal grado que posean alguna de las características del Anexo III (véase la entrada correspondiente en la lista B B1110) .	907	29.6	61	333.22	74	1446.1

D.8 TRATAMIENTO R5:RECICLADO O RECUPERACIÓN DE OTRAS MATERIAS INORGÁNICAS

Corrientes de residuos	Años					
	2009	2010	2011	2012	2013	2014
Y12 - Desechos resultantes de la producción. preparación y utilización de tintas. colorantes. pigmentos. pinturas. lacas o barnices.	10.9	0	0	0	0	0
Y29 - Desechos que tengan como constituyentes: Mercurio. compuestos de mercurio.	25.68	45.9	0	0	0	0

Y31 - Desechos que tengan como constituyentes: Plomo. compuestos de plomo.	0	0	0	29	0	0
A2050-Desechos de amianto (polvo y fibras).	440	0	0	0	0	0
A4130 - Envases y contenedores de desechos que contienen sustancias incluidas en el Anexo I. en concentraciones suficientes como para mostrar las características peligrosas del Anexo III.	0	0	0	173.3	0	0

D.9 TRATAMIENTO R7:RECUPERACIÓN DE COMPONENTES UTILIZADOS PARA REDUCIR LA CONTAMINACIÓN

	Años					
Corrientes de Residuos	2009	2010	2011	2012	2013	2014
A1180 - Montajes eléctricos y electrónicos de desecho o restos de éstos que contengan componentes como acumuladores y otras baterías incluidas en la lista A. interruptores de mercurio. Vidrios de tubos de rayos catódicos y otros vidrios activados y capacitadores de PCB. o contaminados con constituyentes del Anexo I (por ejemplo. cadmio. mercurio. plomo. bifenilo policlorado) en tal grado que posean alguna de las características del Anexo III (véase la entrada correspondiente en la lista B B1110) .	665	350	4386	0	0	1267

D.10 TRATAMIENTO R8: RECUPERACIÓN DE COMPONENTES PROVENIENTES DE CATALIZADORES

	Año					
Corriente de Resdudos	2009	2010	2011	2012	2013	2014
A1160 - Acumuladores de plomo de desecho. enteros o triturados.	594	353	0	250	260	90

D.11 TRATAMIENTO R9: REGENERACIÓN U OTRA REUTILIZACIÓN DE ACEITES USADOS

	Años					
Corrientes de Residuos	2009	2010	2011	2012	2013	2014
Y8 - Desechos de aceites minerales no aptos para el uso a que estaban destinados.	52005	1768.7	47639	50283	10768.92	28381.6
Y9 - Mezclas y emulsiones de desechos de aceite y agua o de hidrocarburos y agua.	12387	63294	9349	21524	27941	26376
A3020 - Aceites minerales de desecho no aptos para el uso al que estaban destinados.	16570	2610	527	1400	6	837

ANEXO E. Modelo de encuesta utilizada para medir la percepción de las personas sobre el manejo de RESPEL

ENCUESTA DE PERCEPCIÓN MANEJO DE RESIDUOS PELIGROSOS DOMÉSTICOS

Fecha___ Edad ___ Sexo ___ Ocupación: _____ Estrato_____
Formación Académica _____ Barrio donde reside _____ _____
1. Todos los residuos se clasifican, almacenan y disponen de la misma manera.
____ No_____ No se_____ No me interesa_____
2. Separa sus residuos en orgánicos (restos de comida) e inorgánicos (envases de bebidas, latas, papel, cartón, etc…)   Sí____ No_____ No se_____ No me interesa_____
3. De 1 a 5, califique la importancia de hacer una separación en su casa de los residuos orgánicos (restos de comida) e inorgánicos (envases de bebidas, latas, papel, cartón, etc…) (siendo 1 nada importante, y 5 muy importante) _____
4. Marque con una X cuál de estos productos genera en su casa, y cuales considera que presentan alguna característica de peligrosidad (corrosivo, inflamable, tóxico, radioactivo, explosivo, reactivo, infeccioso).

Residuos	Genera	Característica de peligrosidad
Envases de detergentes y blanqueadores		
Envases de desinfectantes		
Resultantes de atención médica como agujas, algodón, curas, microporo, gasas entre otros		
Residuos de frutas y verduras		
Envases contaminados con sustancias químicas		
Cilindro de gas		
Tóner de impresoras		
Ceras		
Esmaltes		
Envases contaminados de aceites lubricantes, antioxidantes y anticorrosivos		
Baterías de carro usadas		
Envases contaminados con combustibles		
Residuos de cajas de cartón		
Envases contaminados con líquidos para frenos y transmisión		
Medicinas vencidas		
Radiografías usadas		
Pilas y acumuladores eléctricos gastados		
Envases de gaseosa		

Generación de residuos peligrosos en Barranquilla Años 2019-2014

Productos de aseo y limpieza de muebles		
Aparatos eléctricos y electrónicos		
Extintor gastado		
Envases de Insecticidas y raticidas (plaguicidas)		
Lámparas y bombillos vencidos		
Limpiador productos eléctricos		
Envases de conservas y salsas		
Trapos y estopas contaminados		
Baterías de celular		

5. Escriba la frecuencia con la que cambia sus equipos eléctricos y electrónicos

	No tengo	Menos de un año	Años de uso
Celular			
Licuadoras			
Microondas			
Aspiradoras			
Ventiladores			
Televisores			
Computadores			
Aires acondicionados			
Neveras			
Lavadoras			
Impresoras			
Equipos de sonido			

6. Con los residuos anteriormente nombrados después de usados que hace con ellos
- Reutiliza (regala, usa partes de estos)___
- Bota en la basura ____
- Bota en el arroyo _____
- Dispone en centros especializados (Centros comerciales, empresas especiales)_____
- Se los entrega a recicladores_____

7. De los productos que seleccionó en las listas anteriores, reduciría su cantidad si pagará por desecharlos Si_____ No_____ No se _____ No me interesa_____

8. De los productos que seleccionó en las listas anteriores, reconoce los efectos negativos a la salud que causa el manejo inadecuado de estos. Sí ____ No_____ No se_____ No me interesa_____

9. De los productos que seleccionó en las listas anteriores, reconoce los efectos

negativos al medio ambiente que podría causar el manejo inadecuado de estos. Sí _____ No_____ No se_____ No me interesa_____

10. Si se le capacita en el manejo de residuos peligrosos, que tan dispuesto estaría usted a realizar un manejo adecuado de estos en su casa, califique de 1 a 5, siendo 1 nada importante y 5 muy importante _____

11. Considera usted que en la ciudad se manejan adecuadamente los residuos en las dos listas anteriores Si_____ No_____ No se_____ No me interesa_____

12. Conoce usted el listado de receptores o instalaciones (centros comerciales) autorizadas en Barranquilla para la disposición de los residuos peligrosos. Si ____ No_____ No se _____No interesa_____

ANEXO F. ANOVA del analisis de comportamiento de respel por actividad económico

F:1 COMPORTAMIENTO DE LOS RESPEL PARA LA ACTIVIDAD ECONÓMICA FABRICACIÓN DE PLAGUICIDAS Y OTROS PRODUCTOS QUÍMICOS DE USO AGRPECUARIO

Coeficientes

Parámetro	Mínimos Cuadrados Estimado	Estándar Error	Estadístico T	Valor-P
Pendiente	0,00000347658	4,90805E-8	70,8342	0,0000

Análisis de Varianza

Fuente	Suma de Cuadrados	Gl	Cuadrado Medio	Razón-F	Valor-P
Modelo	1187,24	1	1187,24	5017,48	0,0000
Residuo	1,1831	5	0,23662		
Total	1188,42	6			

F:2 COMPORTAMIENTO DE LOS RESPEL PARA LA ACTIVIDAD ECONÓMICA RELACIONADA CON HOSPITALES Y CLÍNICAS, CON INTERNACIÓN

Coeficientes

Parámetro	Mínimos Cuadrados Estimado	Estándar Error	Estadístico T	Valor-P
Intercepto	431,189	126,827	3,39982	0,0273
Pendiente	-840178,	255112,	-3,29337	0,0301

Análisis de Varianza

Fuente	Suma de Cuadrados	Gl	Cuadrado Medio	Razón-F	Valor-P
Modelo	0,754574	1	0,754574	10,85	0,0301
Residuo	0,278279	4	0,0695698		
Total (Corr.)	1,03285	5			

F:3 COMPORTAMIENTO DE LOS RESPEL PARA LA ACTIVIDAD ECONÓMICA RELACIONADA CON LA FABRICACIÓN DE PRODUCTOS FARMACÉUTICOS.

Coeficientes

Parámetro	Mínimos Cuadrados Estimado	Estándar Error	Estadístico T	Valor-P
Pendiente	25319,4	133,882	189,118	0,0000

Análisis de Varianza

Fuente	Suma de Cuadrados	Gl	Cuadrado Medio	Razón-F	Valor-P
Modelo	950,649	1	950,649	35765,67	0,0000
Residuo	0,1329	5	0,0265799		

Total	950,782	6			

F:4 COMPORTAMIENTO DE LOS RESPEL PARA LA ACTIVIDAD ECONÓMICA RELACIONADA CON LA FABRICACIÓN DE JABONES Y DETERGENTES, PREPARADOS PARA LIMPIAR Y PULIR.

Coeficientes

	Mínimos Cuadrados	*Estándar*	*Estadístico*	
Parámetro	*Estimado*	*Error*	*T*	*Valor-P*
Pendiente	0,00000277788	2,03961E-7	13,6197	0,0000

Análisis de Varianza

Fuente	*Suma de Cuadrados*	*Gl*	*Cuadrado Medio*	*Razón-F*	*Valor-P*
Modelo	757,985	1	757,985	185,49	0,0000
Residuo	20,4314	5	4,08628		
Total	778,416	6			

ANEXO G. ANOVA del analisis de comportamiento de respel por corriente de residuo

G.1 ANOVA CORRIENTE Y1-ESTADO SÓLIDO

Coeficientes

	Mínimos Cuadrados	*Estándar*	*Estadístico*	
Parámetro	*Estimado*	*Error*	*T*	*Valor-P*
Pendiente	0,00000355185	8,38565E-8	42,3562	0,0000

Análisis de Varianza

Fuente	*Suma de Cuadrados*	*Gl*	*Cuadrado Medio*	*Razón-F*	*Valor-P*
Modelo	1239,2	1	1239,2	1794,05	0,0000
Residuo	3,45364	5	0,690728		
Total	1242,65	6			

G.2 ANOVA CORRIENTE Y3-ESTADO SÓLIDO

Coeficientes

	Mínimos Cuadrados	*Estándar*	*Estadístico*	
Parámetro	*Estimado*	*Error*	*T*	*Valor-P*
Pendiente	24683,8	147,247	167,635	0,0000

Análisis de Varianza

Fuente	*Suma de Cuadrados*	*Gl*	*Cuadrado Medio*	*Razón-F*	*Valor-P*
Modelo	903,518	1	903,518	28101,48	0,0000
Residuo	0,16076	5	0,032152		
Total	903,679	6			

G:3 ANOVA CORRIENTE Y4-ESTADO SÓLIDO

Coeficientes

	Mínimos Cuadrados	Estándar	Estadístico	
Parámetro	Estimado	Error	T	Valor-P
Pendiente	23950,0	1790,7	13,3747	0,0000

Análisis de Varianza

Fuente	Suma de Cuadrados	Gl	Cuadrado Medio	Razón-F	Valor-P
Modelo	850,595	1	850,595	178,88	0,0000
Residuo	23,7754	5	4,75508		
Total	874,371	6			

G.4 ANOVA CORRIENTE Y18-ESTADO SÓLIDO

Coeficientes

	Mínimos Cuadrados	Estándar	Estadístico	
Parámetro	Estimado	Error	T	Valor-P
Intercepto	3,23522E8	9,2651E7	3,49184	0,0251
Pendiente	-6,49742E11	1,86367E11	-3,48635	0,0252

Análisis de Varianza

Fuente	Suma de Cuadrados	Gl	Cuadrado Medio	Razón-F	Valor-P
Modelo	4,51275E11	1	4,51275E11	12,15	0,0252
Residuo	1,48511E11	4	3,71277E10		
Total (Corr.)	5,99786E11	5			

G.5 ANOVA CORRIENTE A4130-ESTADO SÓLIDO

Coeficientes

	Mínimos Cuadrados	Estándar	Estadístico	
Parámetro	Estimado	Error	T	Valor-P
Pendiente	23051,4	1381,39	16,6871	0,0000

Análisis de Varianza

Fuente	Suma de Cuadrados	Gl	Cuadrado Medio	Razón-F	Valor-P
Modelo	787,966	1	787,966	278,46	0,0000
Residuo	14,1486	5	2,82973		
Total	802,114	6			

G.6 ANOVA CORRIENTE Y6-ESTADO LÍQUIDO

Coeficientes

	Mínimos Cuadrados	Estándar	Estadístico	
Parámetro	Estimado	Error	T	Valor-P
Pendiente	20833,8	693,574	30,0384	0,0000

Análisis de Varianza

Fuente	Suma de Cuadrados	Gl	Cuadrado Medio	Razón-F	Valor-P
Modelo	643,651	1	643,651	902,30	0,0000
Residuo	3,56671	5	0,713342		

Total	647,218	6			

G.7 ANOVA CORRIENTE Y8-ESTADO LÍQUIDO

Coeficientes

	Mínimos Cuadrados	Estándar	Estadístico	
Parámetro	Estimado	Error	T	Valor-P
Pendiente	21608,5	185,157	116,704	0,0000

Análisis de Varianza

Fuente	Suma de Cuadrados	Gl	Cuadrado Medio	Razón-F	Valor-P
Modelo	692,405	1	692,405	13619,77	0,0000
Residuo	0,254191	5	0,0508382		
Total	692,659	6			

G.8 ANOVA CORRIENTE Y9-ESTADO LÍQUIDO

Coeficientes

	Mínimos Cuadrados	Estándar	Estadístico	
Parámetro	Estimado	Error	T	Valor-P
Pendiente	23429,7	284,224	82,4338	0,0000

Análisis de Varianza

Fuente	Suma de Cuadrados	Gl	Cuadrado Medio	Razón-F	Valor-P
Modelo	814,037	1	814,037	6795,33	0,0000
Residuo	0,598968	5	0,119794		
Total	814,636	6			

G.9 ANOVA CORRIENTE A3020-ESTADO LÍQUIDO

Coeficientes

	Mínimos Cuadrados	Estándar	Estadístico	
Parámetro	Estimado	Error	T	Valor-P
Pendiente	0,00000246233	1,71299E-7	14,3745	0,0001

Análisis de Varianza

Fuente	Suma de Cuadrados	Gl	Cuadrado Medio	Razón-F	Valor-P
Modelo	496,203	1	496,203	206,63	0,0001
Residuo	9,60582	4	2,40145		
Total	505,809	5			

ANEXO H. ANOVA del analisis de comportamiento de respel por actividad económica

H..1. COMPORTAMIENTO DE LOS RESPEL DISPUESTOS EN CELDA DE SEGURIDAD EN LA CIUDAD DE BARRANQUILLA.

Coeficientes

	Mínimos Cuadrados	Estándar	Estadístico	
Parámetro	Estimado	Error	T	Valor-P
Pendiente	0,00000306296	1,48101E-7	20,6816	0,0000

Análisis de Varianza

Fuente	Suma de Cuadrados	Gl	Cuadrado Medio	Razón-F	Valor-P
Modelo	921,546	1	921,546	427,73	0,0000
Residuo	10,7725	5	2,15451		
Total	932,318	6			

H.2 COMPORTAMIENTO DE LOS RESPEL TRATADOS TÉRMICAMENTE.

Coeficientes

	Mínimos Cuadrados	Estándar	Estadístico	
Parámetro	Estimado	Error	T	Valor-P
Intercepto	322,76	67,8881	4,75429	0,0089
Pendiente	-620103,	136557,	-4,54099	0,0105

Análisis de Varianza

Fuente	Suma de Cuadrados	Gl	Cuadrado Medio	Razón-F	Valor-P
Modelo	0,411043	1	0,411043	20,62	0,0105
Residuo	0,0797345	4	0,0199336		
Total (Corr.)	0,490777	5			

ANEXO I.RESULTADS DE PREBAS ESTADISTICAS QUE RESULTARON NO SIGNIFICATIVAS

I.1: Resultados de las prueba chi-cuadrada que resultaron no significativas en la generación de residuos por estrato e identificación de peligrosidad

Residuo	P-valor	Residuo	P-valor
R1: Envases de detergentes y blanqueadores	0.0548	R5: Cilindro de gas	0.1399
R6: Tóner de impresora	0.2250	R8: Esmaltes	0.2171
R9: Envases de aceites lubricantes. antioxidantes y anticorrosivo	0.7727	R13: Medicinas vencidas	0.1923
R14: Radiografías usadas	0.3983	R15: Pilas y acumuladores eléctricos gastados	0.2802
R17: Aparatos eléctricos y electrónicos	0.8220	R18:Extintor gastado	0.0657
R19: Envases de insecticidas y	0.4881	R20: Lámparas y bombillos	0.2754

plaguicidas		vencidos	
R21: Limpiador de productos eléctricos	0.1122	R22: Trapos y estopas contaminados	0.2016
R23: Batería de celular	0.8529		

I.2: Resultados de las prueba chi-cuadrada que resultaron no significativas en la generación de residuos por estrato, sin identificación de peligrosidad

Residuo	P-valor	Residuo	P-valor
R3: Resultantes de atención medica	0.3156	R4: Envases contaminados con sustancias químicas	0.5218
R5: Cilindro de gas	0.2332	R6: Tóner de impresora	0.3141
R7: Ceras	0.1499	R9: Envases de aceites lubricantes. antioxidantes y anticorrosivo	0.4387
R10: Baterías de carro usada	0.6815	R11: Envases contaminados con combustible	0.9982
R12: Envases de líquidos para frenos y transmisión	0.9966	R13: Medicinas vencidas	0.3198
R15: Pilas y acumuladores eléctricos gastados	0.2910	R16: Productos de aseo y limpieza de muebles	0.4079
R17: Aparatos eléctricos y electronicos	0.4203	R18:Extintor gastado	0.2998
R19: Envases de insecticidas y plaguicidas	0.0930	R20: Lámparas y bombillos vencidos	0.2172
R21: Limpiador de productos eléctricos	0.1182	R22: Trapos y estopas contaminados	0.4781
R23: Batería de celular	0.1687		

ANEXO J. Resultados de proporción sobre la percepción de respel por estrato

J.1: Resultados de la proporción para el análisis de la Relación entre estrato y conocimiento sobre la clasificación, almacenamiento y disposición de residuos.

Todos los residuos se clasifican, almacenan y disponen de la misma manera	Estrato 1	Estrato 2	Estrato 3	Estrato 4	Estrato 5	Estrato 6
Si	24%	25%	18%	21%	34%	66%
No	74%	73%	80%	76%	55%	51%
No se	2%	2%	1%	3%	6%	0%
No me interesa	0%	0%	0%	0%	4%	0%

J.2: Resultados de la proporción para el análisis de la relación entre estrato y clasificación de residuos entre orgánicos e inorgánicos

Separa sus residuos en orgánicos e inorgánicos:	Estrato 1	Estrato 2	Estrato 3	Estrato 4	Estrato 5	Estrato 6
Si	57%	49%	45%	51%	73%	80%
No	40%	49%	52%	48%	21%	20%
No se	3%	1%	3%	0%	4%	0%
No me interesa	0%	1%	1%	2%	2%	0%

J.3 Pruebas de Normalidad en Residuos de aspiradoras, ventiladores, televisores, computadores, aires acondicionados y neveras.

Generación de residuos peligrosos en Barranquilla Años 2019-2014

Residuo	Estrato	Prueba de bondad de ajuste	Prueba de Homocedasticidad de varianza
Aspiradora		P-valor	Test de Levens
	1	0.995151	
	2	0.770337	
	3	0.461117	
	4	0.995333	
	5	0.539829	
	6	0.557272	
Ventiladores	1	0.597864	0.541182
	2	0.0568161	
	3	0.0664709	
	4	0.556765	
	5	0.302151	
	6	0.098617	
Televisores	1	0.520849	0.894029
	2	0.187299	
	3	0.0584026	
	4	0.404081	
	5	0.208906	
	6	0.352454	
Computadores	1	0.878219	0.195696
	2	0.515826	
	3	0.100757	
	4	0.207359	
	5	0.382884	
	6	0.16849	
Aires acondicionados	1	0.53684	0.233766
	2	0.322423	
	3	0.252689	
	4	0.294036	
	5	0.172033	
	6	0.199534	
Neveras	1	0.0977776	0.960123
	2	0.667744	
	3	0.69445	
	4	0.647465	
	5	0.211279	
	6	0.0836778	

Generación de residuos peligrosos en Barranquilla Años 2019-2014

www.ingramcontent.com/pod-product-compliance
Lightning Source LLC
Chambersburg PA
CBHW051523170526

45165CB00002B/588